自動車軽量化のための接着接合入門

原賀康介・佐藤千明 著

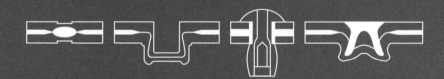

日刊工業新聞社

まえがき

　エネルギー消費量削減やCO_2排出量削減が叫ばれている昨今、その対応策として各種機器の軽量化が期待されている。中でも燃費改善に向けた自動車車体の軽量化への取り組みは最近特に注目されており、CFRP（炭素繊維強化プラスチック）を筆頭とする軽量高強度複合材料やアルミニウム、マグネシウムなどの軽量金属、高張力鋼板などの高強度鋼を用いる構造への変更が検討されている。

　このような軽量材料を使用する場合、すべてを１種類の材料だけで製作することは最適構造の観点からは好ましくなく、複合材料と金属の接合、種類が異なる複合材同士や金属同士の接合など、異種材接合が重要な技術課題となる。異種材料の接合方法は、従来からのボルト・ナットをはじめとして新たな方法も種々開発されているが、異種材接合が容易にできて、しかも特異な機能や性能を有する接合方法として、今、接着剤による接合が注目されている。

　軽量複合材料や軽量金属の接着接合技術は従来から航空機や宇宙機器では多用されており、その強度や信頼性も確立している。しかし、性能や機能が最優先である航空・宇宙機器における材料や接合方法を、量産品で生産性やコストも重視される自動車の車体組立にそのまま適用するのは困難で、多くの課題を解決していく必要がある。

　本書は、「自動車用の材料技術者、構造設計技術者、生産設計技術者などに、接合技術の中の１つとしての接着技術をもっと知ってもらうこと」をコンセプトに、「車輌軽量化を達成する各種接合方法の１つとしての接着接合法の位置づけを明確にすること」をスタンスとし、接着接合の技術を平易に解説するものである。

　本書では、まず第１章で、自動車の車体軽量化の動向を把握できるよう車体軽量化における接着接合の必要性、および現状とこれからの車体

における接着接合技術、革新的開発へ取り組む際の姿勢などを俯瞰的に述べる。続いて第2章では自動車に限定せず、現在、種々の部品組立に使用されている各種の接合法を紹介する。第3章では、接着接合を正しく理解するために、日本の接着技術の世界的レベルと現状、接着と他の接合法の比較、接着の特徴・機能と得られる効果、接着の欠点、接着の欠点を補完する複合接着接合法について解説する。

そして第4章では、車体組立用接着剤に必要な性能と接着剤の現状、車体組立における接着接合活用の方向性について述べ、第5章では自動車の車体組立に接着接合を適用するために必要な開発段階、設計段階、施工段階での信頼性のつくり込みについて述べる。最後の第6章では、自動車のマルチマテリアル化に適した接着剤として有望視されている室温硬化型アクリル系接着剤（SGA）の特徴と諸特性を、エポキシ系、ウレタン系接着剤と比較しながら説明する。なお本書は、第1章を佐藤が、第2章から第6章を原賀が分担して執筆している。

本書が、自動車の車体軽量化に取り組む多くの技術者と、構造接着を製品に適用すべく奮闘しているみなさんの一助となれば幸いである。

自動車軽量化のための接着接合入門

目　次

まえがき ………1

第 1 章

接着接合による
車体軽量化への期待

1　自動車の車体軽量化と接着接合の必要性 ……………… 9

2　現状における接着接合の車体構造への適用 ……………… 11

　2.1　現状での接着剤の適用箇所 ……………… 11

　2.2　スチール製車体の接着接合、最近の動向 ……………… 13

　2.3　アルミ製車体の接着接合、最近の動向 ……………… 16

　2.4　プラスチック材料の車体への適用と接着接合 ……………… 18

　2.5　複合材料の車体への適用と接着接合 ……………… 18

3　今後の車体軽量化への取り組みと接着接合技術 ……………… 21

　3.1　マルチマテリアル化 ……………… 21

　3.2　組立工程への適合性 ……………… 25

　3.3　接着剤の硬化速度の問題 ……………… 26

　3.4　今後求められるブレークスルー ……………… 26

4　革新的開発への取り組み姿勢 ……………… 33

4.1	材料の変化に振り回されない接着技術の開発	33
4.2	既成概念にとらわれない接着プロセスの最適化	34
4.3	接着技術にも求められる環境対応	35

第**2**章

接合法の種類

1 接合法の種類 ··· 37
  1.1 機械的接合 ··· 38
  1.2 液相／液相接合 ··· 48
  1.3 固相／固相圧接 ··· 54
  1.4 固相／液相接合 ··· 56
  1.5 複合接合法 ··· 58

2 各種接合法の長所と短所 ··· 58
  2.1 アーク溶接による組立 ·· 59
  2.2 スポット溶接による組立 ·· 60
  2.3 ボルト・ナットによる組立 ·· 62
  2.4 ブラインドリベットによる組立 ··································· 62
  2.5 接着剤による組立 ··· 63
  2.6 複合接着接合法による組立 ·· 63

3 自動車の車体における材料と接合法 ·································· 64
  3.1 自動車の車体における材料 ·· 64
  3.2 車体の材料と接合方法 ·· 66

第 3 章

接着剤による
接合・組立技術

1 日本の接着技術の世界的レベルと現状 ……………………………… 69

2 接着と他の接合法の比較 …………………………………………… 70

3 接着の特徴・機能と得られる効果 ………………………………… 76

4 接着の欠点 …………………………………………………………… 84

5 接着の欠点を補完する複合接着接合法 …………………………… 88

   5.1 複合接着接合法の種類 …………………………………………… 88

   5.2 複合接着接合の事例 ……………………………………………… 89

   5.3 併用接合の目的と効果 …………………………………………… 92

   5.4 ウェルドボンディングのポイント …………………………… 102

   5.5 プロジェクション溶接との併用 ……………………………… 106

第 4 章

自動車の材料多様化に対応する
接着技術の課題

1 接着接合に何を期待するか ………………………………………… 109

2 組立用接着剤に必要な性能と接着剤の現状 … 111

2.1 車体組立用接着剤に必要な性能 … 111

2.2 接着剤の現状 … 118

3 車体組立における接着接合活用の方向性 … 118

3.1 基本的考え方 … 118

3.2 接着剤のバルク特性のつくり込み … 119

3.3 表面の改質 … 121

3.4 表層破壊の回避 … 123

3.5 複合接着接合法の活用 … 126

3.6 接着剤の固着時間と可使時間の比率の短縮 … 127

3.7 今後期待される接着剤 … 128

3.8 接着評価における課題 … 129

3.9 接着部の検査と補修、解体、リサイクル … 131

第 5 章

信頼性の高い接着接合を 行うためのポイント

1 接着の強度信頼性確保のための指針 … 133

1.1 信頼性確保のための基本的な考え方 … 133

1.2 破壊状態 … 134

1.3 接着強度の変動係数 … 137

1.4 接着の実力強度 … 139

1.5 接着強度の設計基準 … 143

2	設計上のポイント	146
	2.1 接着層の厚さ	146
	2.2 接着剤の硬さ、伸び	149
	2.3 引張速度と接着強度	150
	2.4 材料強度と接着強度	151
	2.5 耐久性のつくり込み	154
	2.6 複合接着接合法による耐久信頼性の向上	161
3	施工上のポイント	162
	3.1 表面改質による接着信頼性の向上	162
	3.2 部品の接着適性の判定法	164
	3.3 プライマーによる処理とプライマーの塗布量	164
	3.4 接着面の粗面化における注意点	166
	3.5 接着作業時の湿度	167
	3.6 その他の注意事項	169

第6章

機能、生産性、コストを並立させる接着剤

1	2液室温硬化型アクリル系接着剤（SGA）の種類	173
2	2液主剤型 SGA の諸特性	174
	2.1 成分と硬化反応	174
	2.2 作業性	177
	2.3 強度特性	187

2.4	耐久性	190
2.5	その他の特性	194
2.6	信頼性	198
2.7	SGA の欠点	199

3 SGA の現状と今後 ……………………………………… 201

あとがき ……… 204

参考文献 ……… 205

索引 ……… 207

著者紹介 ……… 214

第1章

接着接合による車体軽量化への期待

　燃費向上と環境・安全対策への配慮から、自動車の軽量化に向けた取り組みが至るところで進められている。そうした中で、これまであまり着手されてこなかった領域として、部品同士の接合技術が挙げられる。一般的に接合部は接合のための重量がかさむとされるが、ここに接着剤を適用・併用することで従来考えられなかった接合部の合理化を実現できる可能性が生まれる。また、接着を用いることでこれまで使えなかった部材の適用も検討できるようになる。本章では、軽量化に向けた自動車ボディの接合手段として期待が高まる、接着接合の適用の道筋を示していく。

1 自動車の車体軽量化と接着接合の必要性

　自動車構造の軽量化は、その低燃費化とCO_2削減の観点から、近年きわめて重要になっている。2020年代初頭には、乗用車の燃費を平均で20〜23km/lまで向上させる必要があると言われており[1]、エンジンの効率化やパワートレインの電動化、ならびに車体軽量化が主なシーズとして注目されている。中でも軽量化は重要な技術項目であり、図1.1

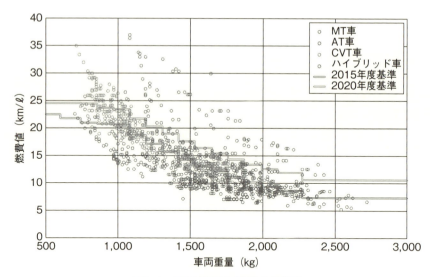

図1.1　車体重量と燃費の関係[2)]

出所：国土交通省資料

に示すように、車体重量と燃費の間に強い相関のあることが知られている[2)]。このため多くの努力が払われているが、実際には車載艤装品・電装品の増加などにより、むしろ車体重量は増加する傾向にある。したがって、ホワイトボディ自体の軽量化に関する多角的な取り組みが必要となる。

　車体の軽量化は副次的な効果ももたらす。近年、ハイブリット車（HV）や電気自動車（EV）が注目されているが、この場合は車体軽量化が積載電池の削減につながるためコスト面で有利になる。特に、EVでは航続距離の増大にも貢献するため、車体軽量化が必須となる。したがって、車体材料の改良や代替材料の採用、および構造設計の高度化など多くの取り組みが進行中である。

　しかし、これまで意外と見落とされがちだったのは、部品同士の接合技術である。この箇所にも構造軽量化の大きな可能性が残されている。接合部は通常、付加重量が存在するため、継手効率が向上すると軽量化が可能になる。また、接合の困難さから使用が難しかった材料の適用も可能になる。この観点で、近年注目されているのが接着接合である。

例えば、スチール製車体では溶接と接着の併用により、接合部の合理的設計が可能となって、重量を低減できる。また、スチール以外の軽量な新材料、例えばアルミ合金やプラスチック、ならびに複合材料などの接合にも接着は使用可能である。さらに、これらの材料を複合化して使用する場合は、異種材料間の接合が必要となるが、この場合は接着が主要な接合手段になり得る。このように、車体接合手段としての接着接合の将来的な可能性はきわめて大きい。

現状における接着接合の車体構造への適用

2.1　現状での接着剤の適用箇所

自動車では、比較的多くの箇所で接着接合がすでに使用されており、例えばスチール製車体では適用箇所を以下のように分類できる。
①プラットフォーム、サイドメンバーなどの主要強度構造
②ドアパネル、フェンダーなどの非強度構造
③窓ガラスの車体への取付（ダイレクトグレージング）

図1.2に、現状での接着の使用箇所を示す。それぞれの箇所に、目的に沿って開発された異なる接着剤が使用されており、その適用範囲も多岐にわたる。

ドアのインナーパネルとアウターパネルは、**図1.3**に示すような接着と嵌合を併用したヘミング技術が用いられている。この場合、接着剤の塗布後にアウターパネルを折り返し、この後に接着剤を硬化させる。接着剤の硬化には加熱処理が必要となるが、組立ライン上で逐次処理を行うのは能率的でなく、塗装の焼付け工程で同時に行う場合が多い。したがってライン上では、かしめ力だけでパネルを仮固定する必要があり、ガラスビーズを混入したエポキシ接着剤が使用される。これが両パネルに食い込むことにより、焼付け工程まで部材が一時的に固定される。

図1.2　自動車構造への接着剤の適用箇所

出所：サンスター技研㈱資料

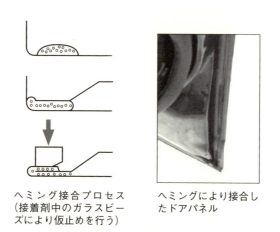

図1.3　車体構造への接着剤の適用（ヘミング）

　一方、窓ガラスの車体への取付部も接着の使用が支配的な箇所である。これはダイレクトグレージング技術と呼ばれており、接着にはウレタン接着剤が使用されている（図1.4）。この箇所はガラスとスチールの異材接合となり、熱応力が問題となる。ただし柔軟なウレタン接着剤を用いることにより、この熱応力を緩和している。しかし、近年では車体剛性向上のため窓ガラスにも荷重を分担させつつあり、本接着剤は

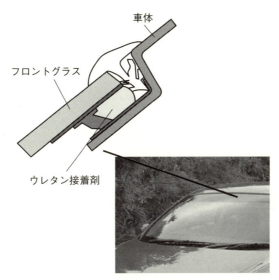

図1.4　ダイレクトグレージングによるフロントグラスの接合
出所：サンスター技研㈱資料

徐々に硬くなってきている。

　このほか車体構造以外にも、艤装品や電気・電子機器、ならびにエンジン周りで接着は多用され、例えばエンジンではシーリング剤を兼ねた接着剤でオイルパンを、また空気遮断により硬化をする嫌気性接着剤でエンジンなどのスタッドボルトなどを固定するケースも増えている。

2.2　スチール製車体の接着接合、最近の動向

　スチール製車体を軽量化する場合、使用する鋼材料の強度向上が重要となる。自動車車体には、従来は軟鋼（例えば270MPa級鋼材）が主に使用されていたが、近年ではより高強度の高張力鋼（440および590MPa級鋼材（ハイテン材）、ならびに980および1,470MPa級鋼材（超ハイテン材）など）が多用されている[3]。車体用鋼材の高張力化は緩やかに進行し、現在ではフロントメンバー、ピラーやシルなどのサイドメンバー、ならびにフロアメンバーやサイドインパクトビームのよう

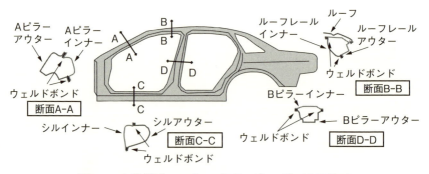

図1.5　車体構造へのウェルドボンディングの適用箇所
出所：サンスター技研㈱資料

な各種リンフォースメントに使用されている。高強度が必要な部材の重量を軽減できるため、軽量化への貢献は大きい。

　残念なことに、鋼材の強度増加に伴い、その成形性や溶接性は悪くなる。特に溶接性の低下は困難な問題であり、部材が強くなっても接合部が弱くなればトータルの強度は向上しない。したがって、接着の併用が有望となる。

　接着には"糊付け"のイメージがあり、低強度の接合法と思われがちである。応力で比較すると確かに溶接に及ぶべくもないが、接合面積が稼げる場合は高い強度を発揮できる。したがって、薄板の接合には適しており、たとえば鋼製車体ではスポット溶接と併用して、プラットフォームやサイドメンバーなどの接合に接着の使用されるケースがある。これはウェルドボンディングと呼ばれ、耐疲労性や車体剛性の向上が可能であり、また比較的高コストのスポット点数を低減できる。このため、溶接性に課題が残る高張力鋼に向いた接合法として近年注目されている。**図1.5**にウェルドボンディングの適用箇所を示す。

　ウェルドボンディングでは、車体部材にまず接着剤を線状に塗布し、その後、部材同士の重ね合わせおよびスポット溶接を行う。接着剤には1液エポキシ接着剤が使われ、その硬化はヘミングの場合と同様に、塗装の焼付け工程で行われる。**写真1.1**に、ウェルドボンディングで接合した塗装前のホワイトボディを示す。スポット溶接用のフランジからは

写真1.1　ウェルドボンディングで接合されたホワイトボディ
出所：米ダウ・ケミカル社資料

み出している部分が接着剤である。

　スポット溶接は点接合であるため、応力集中やそれに伴う疲労の問題が生じやすい。これに対し接着は、基本的に面接合であり応力集中が少ない。このため、疲労強度の大幅な向上が期待できる。また、接着が連続的接合となるため、スポット溶接の場合に生じるスポット間の開口を抑制でき、車体剛性が劇的に向上する。このほか、ダンピングの増大やシール性の付与などの利点も併せ持っており、スチール製車体に向いた接合法と言える。

　歴史的に見ると日本で最初に研究された分野であるが、その採用はヨーロッパ、特にドイツの自動車メーカーが積極的であり、数多くの車体がこの技術で製造されている。また近年では、わが国でもその使用が始まっている。

　わが国でウェルドボンディングの適用が遅れた理由は、鋼板のめっきの種類がヨーロッパと異なるためである。諸外国では、GI鋼板（溶融亜鉛めっき鋼板）が主に使用されているが、日本ではさらに進歩したGA鋼板（合金化溶融亜鉛めっき鋼板）が広範に使用されている。残念

ながらGA鋼板のめっき層付着強度はGI鋼板よりも低く、接着剤の付着強度に近い。このため接着剤内で剥離せず、むしろめっき層が剥離するため、高強度が望めない。

さらに、めっき層の剥離は防食の観点で好ましくなく、ウェルドボンディングを使用するメリットが著しく損なわれる。ただし近年では、GA鋼板のめっき層付着強度を向上する取り組みが始まっており、今後の進展次第で、ウェルドボンディングの適用範囲はさらに増大する可能性がある。

2.3　アルミ製車体の接着接合、最近の動向

軽合金、特にアルミニウム合金は、すでに多くの市販車で使用されている。言うまでもなくアルミニウム合金は比強度・比剛性に優れ、このため車両軽量化のみならず剛性の向上も併せて可能である。しかし、鋼材に比べ熱伝導率が高く、スポット溶接には向いていない。また、連続溶接も不活性ガスを必要とするなどの難しさがあり、スチール製車体での接合に関する方法論は適用できない。

写真1.2に、アルミシャシを有する車体の例を示す（ロータス・エリーゼ）。この車体はアルミ押出材を接着接合したバスタブ型シャシを持ち、ガラス繊維強化プラスチックのスキンと組み合わせて車体を形成している。アルミ押出材同士は接着剤とフロードリルスクリュー

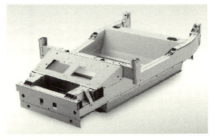

写真1.2　アルミバスタブ構造車体の一例（ロータス・エリーゼ）
出所：エルシーアイ㈱資料

写真1.3　アルミモノコック構造（ジャガー・XJ）の製造工程
出所：ジャガー・ジャパン資料

（FDS）の併用で接合されている。すでに20年以上の実績を有し、接着接合で市販車の組立が可能であることを実証したパイオニア的車体である。

　近年ではより広範にアルミ車体が用いられており、アルミモノコック構造にも接着が多用されている。ここではスポット溶接が使えないため、他の機械的接合法が接着と併用されている。たとえば、**写真1.3**に示すジャガー・XJでは接着とセルフピアスリベット（SPR）が併用されている。SPRは、従来のリベットと異なり、下穴を必要としない特徴を有している。

　軽合金では、アルミ合金以外でも、マグネシウム合金が自動車用途で使用されている。まだ使用量は少ないが、アルミニウム合金と比べ軽量化の観点でさらに有利であり、その使用が今後増加するであろう。現在は、エンジンのカムカバーやオイルパンなどに限定的に使用されているが、価格の低下とともに他の箇所へも適用が進むと考えられる。しかし、マグネシウム合金の接着接合に関する研究は端緒に着いたばかりである。

2.4 プラスチック材料の車体への適用と接着接合

プラスチック材料の使用量は年とともに増加しているが、外装パーツや内装品などが主要な適用先であり、車体の主要構造として使用される例はまだ少ない。それでも、フェンダーなどにポリマーアロイ製スキンが使用されており、すでに20年以上の歴史がある。また、バンパー外装材はポリオレフィン製以外のものを見つけるのが難しい。

近年ではその適用がさらに広がり、例えばハッチバック車の後部ドアにプラスチック製パネルが使用されている[4]。これは、スチール部品とポリオレフィン系外皮を接着接合したもので、高い軽量化を実現している。軽量化の観点から言えば、強度を必要としない箇所には密度の低いプラスチックを多用すべきであり、実際に使用割合は増加している。

接着接合の観点では、2点の難しさがある。まず、接合するプラスチックの種類によっては接着剤の適用が難しい。例えばポリオレフィンは難接着材料であり、火炎処理などの表面処理を施さないと接着強度は確保できない。次に、プラスチック部品が多くの場合スチール部材と複合化して使用されることで、異材接合が必須となり、接着接合部で熱応力が発生しやすい。このため、柔軟な接着剤の使用が必要となる。

2.5 複合材料の車体への適用と接着接合

プラスチックを基材とした複合材料、例えば炭素繊維強化プラスチック（Carbon Fiber Reinforced Plastic：CFRP）などは、鋼や軽合金よりも比強度・比剛性に優れており今後有望である。ただし、現状では高価であり、高級スポーツカーのみに使用されている。しかし、近年の使用量増加に伴い価格も低下しており、コスト的にはアルミニウム合金に拮抗できる材料となりつつある。CFRPを車体構造の主要材料として使用した場合、ホワイトボディの段階で50％の重量軽減が可能と言われており、各種の取り組みが始まっている。

繊維強化プラスチック（Fiber Reinforced Plastic：FRP）を車体に適

用する場合、問題になるのはその生産性である。従来のFRPは連続繊維もしくはその織物を、エポキシ樹脂やポリエステル樹脂などの熱硬化樹脂で鋳込んで生産した。したがって、その硬化時間が生産性を決定した。例えば、ハンドレイアップ製法では脱型まで数時間を要し、またプリプレグを用いた製法では、オートクレーブ工程に半日近くの時間を要した。近年では、熱硬化樹脂の射出成形技術（RTM）が確立しており、脱型までの時間が10分を切るまでになっている（NEDO地球温暖化防止新技術プログラム「自動車軽量化炭素繊維強化複合材料の研究開発」）。

エポキシ樹脂などをマトリックス樹脂とした熱硬化性FRPは接着が容易であり、その組立も接着接合が主体となる。たとえば、レクサス・LFA（トヨタ自動車）[5]では、CFRP製モノコックキャビンと、アルミ合金製フロントメンバー、CRRP製クラッシュチューブにより車体が構成されている（図1.6）。この中で、接着接合はCFRP製モノコックキャビンの組立に使用されている（写真1.4）。具体的にはエポキシ接着剤とブラインドリベットを併用し、部材を接合して組み立てている。いずれにせよ、熱硬化性FRPの接合には、接着がきわめて有効である。

図1.6　レクサス・LFAのキャビン構造とCFRPの適用箇所[5]
出所：トヨタ自動車㈱資料

 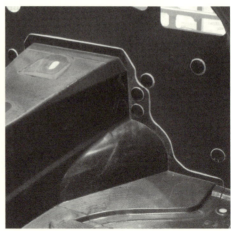

写真1.4　レクサス・LFA における接着接合部

　レクサス・LFA では、CFRP と金属の接着箇所も存在し、異材接合に関して各種の工夫がなされている。例えば、アルミ合金製インサート金具を CFRP パーツ内に接合する箇所に、ガラスビーズを含有した厚めのフィルム接着剤を使用している。これは硬化時の熱応力を、接着剤層を厚くすることで低減し、かつガラスビーズにより接合剛性を確保する手法で、"異方性接着剤"と命名されている。

　このような熱硬化樹脂をマトリックスに持つ複合材以外に、近年では熱可塑樹脂による繊維強化複合材料（Fiber Reinforced Thermo-Plastic：FRTP）が注目されている。本材料を用いることにより、熱プレス成形による部材作製が、きわめて短時間（1〜2分）で可能となり、生産性が向上する（NEDO エネルギーイノベーションプログラム・ナノテク・部材イノベーションプログラム「サステナブルハイパーコンポジット技術の開発」）。残念ながら熱可塑複合材料の接着性は良くないが、それ自体が熱溶着可能であり、したがって FRTP 同士では熱溶着が主要な接合手段になるであろう。一方、例えば FRTP と金属を接合する場合は、接着する必要があるが、異種材接合となるので問題が多い。ただし、熱可塑樹脂に対し強度の高い接着剤も開発されつつあり、今後の発展が期待される。

3 今後の車体軽量化への取り組みと接着接合技術

3.1 マルチマテリアル化

　前述のように、車体用の材料開発は精力的に実施されており、各種の優れた材料がすでに使用可能である。しかし、より高い軽量性を追及するためには、異なる材料を適材適所に配した"マルチマテリアル構造"が必要になるであろう。今のところ、アルミ合金とスチールとの複合車体は存在し、販売されている。例えばアウディ・TTでは、キャビンの一部（トランク底部および後部タイヤハウス）がスチール、その他の大部分がアルミ合金で製作されており、その接合にはSPRやFDSなどの機械的締結のほか、接着剤が使用されている。もちろんアルミ合金同士も同様の接合法が使用されており、接着剤の使用箇所は長さにして90mを超える[6]。図1.7にアウディ・TTにおける接着剤の使用箇所を示す。

図1.7　自動車構造（アウディ・TT）への接着剤の適用箇所[6]
出所：アウディ資料

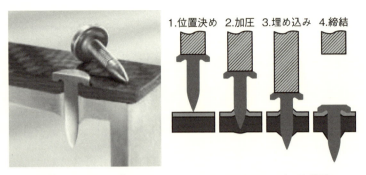

図1.8 ImpAct (Impulse Accelerated Tacking) の概略
出所：独ベルホフ社資料

　このほかメルセデスベンツ・Cクラスでは、アルミニウム合金の使用量を48％まで高め、ホワイドボディを70kg軽量化している[7]。本車体は、接着とファスナーを併用して接合し組み立てられており、ファスナーとしてはImpAct（Impulse Accelerated Tacking：RIVTACとも呼ばれる）と呼ばれる打ち込み式の技術が使用されている（**図1.8**）。

　今後はスチールやアルミ、熱硬化CFRP、熱可塑CFRPを適材適所に使用する、真の意味でのマルチマテリアル車体が登場すると予測される。例えば、車体の主構成をスチールとアルミのスペースフレーム構造とし、ここにCFRPやサンドイッチ材料を接合する形式が考えられる。プラットフォームなど平たい部品はCFRPが適しており、一方、ロールオーバーなどの観点で強度が必要なピラー類はスチールが、サイドシルやエンジン回りの構造はアルミ押出材やダイカスト製品の適用が考えられる。

　さらに、サンドイッチ構造を使用し、ドアやボンネットなどの軽量化も可能である。接合の観点でこれらのコンセプトを俯瞰すると、ほぼすべての接合手法を動員する必要があろう。すなわち、溶接やFSW、接着、熱溶着、およびファスナーなどである。中でも接着は用途が広く、主にCFRPプラットフォームとスペースフレーム構造との接合、ハニカムサンドイッチパネルの接合に使用可能と考えられる。

　マルチマテリアル車体を接着接合する場合に問題となるのは、熱応力

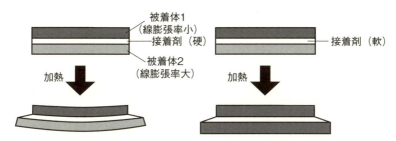

図1.9 異材接着接合部に生じる熱変形（左：硬い接着剤、右：柔軟な接着剤）

と電食である。これらは物理的・化学的に避けられない類の問題であり、対応は対症療法になりがちである。

　まず熱応力の問題であるが、線膨張係数の違う異種材料を接合する場合には不可避である。このような材料を強固に接着接合すると、**図1.9**に示すように接合物が熱変形し、接着剤端部に強い熱応力集中が生じる。

　一般的に線膨張係数の異差が大きいほど、また接合する部材の寸法が大きいほどこの問題は深刻になる。例えば、1mの長さを有する鋼部材とアルミ部材を同時に加熱すると、100℃の温度変化で1mm以上の差（サーマルミスマッチ）が生じる。これを、例えば厚さ0.1mmの接着剤層で吸収するのは至難の業で、接着剤層を厚くするか、柔らかく延性の大きな接着剤を使うしかない（図1.9）。

　しかし、この場合は部材間の荷重伝達に問題をきたし、車体剛性の確保が難しくなる。一方、硬い接着剤を使用すると車体剛性の確保は可能であるが、接着部が熱変形しやすく、熱応力で破断する可能性も大きくなる。

　線膨張係数はFRP、鋼、アルミ合金の順に大きくなる。例えば、CFRPの線膨張係数は、繊維方向できわめて小さく、直交方向で大きいが、擬似等方材料に積層してもかなり小さい。したがって、金属の線膨張係数と大きく異なる場合が多い。このため両者の接着接合部には、熱膨張しにくい複合材料に適した低線膨張係数の金属を選択する必要がある。航空宇宙用途では線膨張係数の比較的小さいチタン合金の選ばれるケースが多いが、自動車では価格の観点で難しい。

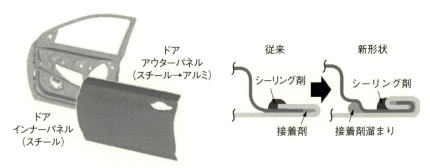

図1.10　アルミ・スチールハイブリッドドア（アキュラ・RLX）
出所：本田技研工業㈱資料

　電食も大きな問題である。例えばCFRPと金属材料のイオン化傾向は乖離しており、これに起因する微弱な電流が生じやすい。これが原因となり、金属の表面層を腐食し、接合部の破断に至る場合がある。この現象は"電食"と呼ばれる。防止策として、電気的に不活性なガラス繊維を接着層に混入する、もしくは接着接合部にガラス繊維を用いたGFRPを一層はさみ込むなど、CFRPと金属を絶縁する工夫が採られる。耐食性の高い金属の選択も1つの方法である。この観点でも航空宇宙用途ではチタン合金が選択される。

　図1.10に、アルミ合金とスチールを用いたハイブリッドドア（アキュラ・RLX）を示す。アルミ合金とスチールとの間にも、熱膨張の不整合やイオン化傾向の差が存在するため、熱応力と電食の問題を考慮する必要がある。この製品では適切な対応を講じ、巧妙に回避している[8]。

　まず熱応力の問題であるが、スチール製のインナーパネルとアルミ合金製のアウターパネルを、硬軟2種類の接着剤で接合しており、かつ硬い接着剤の適用箇所には新形状の2重ヘミングを適用して強固に固定している。一方、柔らかい接着剤を適用している箇所は単ヘミングとし、両パネルの相対変位を許容している。このため、ドア全体の剛性を確保しつつ、熱応力の緩和が可能となった。本件は示唆に富む一例であり、熱応力回避と剛性確保を両立させるためには、硬軟2種類の接合の併用が有望であることがわかる。

また、このドアでは、電食対策としてスチール製パネルに耐電食めっき（Superdyma、新日鐵住金）を施しており、電位差をコントロールして電食を防いでいる。

3.2 組立工程への適合性

接着を車体の組立工程で使用する場合には、その施工速度も重要になる。車体組立ラインのタクトタイムは最短で1分程度と言われており、接着剤の塗布や貼り合わせ、硬化もこれに準じる必要がある。この塗布および貼り合わせ工程はロボットなどを用いて自動化する必要があるが、最適化は難しい問題である。

一例として、BMW・i3（BMW）の組立工程の例を挙げる。この車体は、**写真1.5**に示すようなCFRPのキャビンを有し、アルミシャシとの組合せにより構成されている。この組立工程は動画が公開されており[9]、これを見ると、接着剤の塗布およびパーツの組立がロボットを用いて自動化され、きわめて高効率な生産体制となっている。

組立工程におけるこの他の問題点としては、被着材の表面処理があ

写真1.5　BMW・i3のCFRPキャビン組立工程
出所：独BMW社資料

り、これを回避できればラインを簡略化できる。例えば、鋼材は表面に防錆油が塗られており、普通の接着剤では脱脂が必須である。しかし、表面に油分があっても接合可能な油面接着剤が開発されており、近年では脱脂なしに接着できる。一方、プラスチック材料はいまだに複雑な接着前表面処理を必要とし、この簡略化が求められている。

3.3　接着剤の硬化速度の問題

　前節でも述べたように、接着剤の速硬化も重要な案件である。現状のスチール車体では、ウェルドボンドの硬化は塗装の焼付け工程で行うため、特段の速硬化性は要求されない。一方、プラスチック部品が存在すると焼付け工程を通せないので、ライン上でなるべく早く硬化させる必要が生じる。しかし、接着剤を1分で硬化させるのは至難の業で、何らかの工夫が必要となる。対応としては、局所加熱、機械的接合との併用による仮止め、速硬化性接着剤の適用が挙げられる。

　接着剤を速硬化させる場合、一般的に考えられる手法は、接合部の局所加熱である。例えば、自動車用途に開発された最新のウレタン接着剤では、赤外線による局所加熱により2分程度の速硬化が可能である[10]。このタイプの接着剤は本来2液であるが、硬化剤のマイクロカプセル化により1液化することも可能であり、アッセンブリーラインへの高い適合性が注目されている。他の速硬化接着剤としては、アクリル接着剤が挙げられる。アクリル接着剤はビニル重合により硬化するため、元来硬化速度が速い。一方、エポキシ接着剤をそれほど高くない温度で速硬化させるのは比較的難しい。

3.4　今後求められるブレークスルー

　前述のように、今後の車体接合に求められる最重要課題は、マルチマテリアル化に伴う熱応力への対応であろう。これ以外にも、電食や難接着材料への対応など、解決すべき課題は多い。これらの解決にはいくつ

第 1 章　接着接合による車体軽量化への期待　　27

かの大幅なブレークスルーが必要であろう。以下に、筆者の考える対応策とその方向性を示す。

(1)　接着剤の粘弾性制御による熱応力緩和

　自動車用接合部に求められる基本的な機械的特性は強度と剛性である。接着接合は強度と剛性を両立できる優れた特性を有しており、車体向きであると言われている。この2つの特性のうち、剛性はドライバビリティに直結するため、人間の感性に訴える特性と言える。これはすなわち、本当に必要なのは剛性ではなく、むしろ剛性感であることを意味している。

　搭乗者が車体剛性を感じるケースは限られており、例えば急カーブを切る、急激な加減速を行う、道路上の突起を通過するなどの場合が考えられる。このときの負荷継続時間は比較的短く、その周波数も比較的高い。したがって、周波数の高い領域で接着剤が十分な剛性を有していれば、接合部の剛性感を確保することは可能である。

　一方、接着剤が粘弾性に起因するクリープ変形を生じる場合は、この特性を利用して異材接合部の熱応力緩和が可能である。車体の熱履歴を考えると、温度変化は主に外気温と日照によってもたらされるため、その周波数は1サイクル/日であり、きわめてゆっくりとした変化となる。したがって、接着剤のクリープ変形によりこの熱応力を吸収できる可能性がある。

　このように接着剤の粘弾性特性を周波数領域で制御できれば、車体の剛性（感？）確保と熱応力緩和を同時に実現することが可能となる。すなわち、低周波数領域では低弾性率で、かつ高周波領域で高剛性の接着剤を実現すればよい。一般的に言うと、接着剤を構成する高分子材料はこのような傾向を有している。したがって、残る問題はいかにして粘弾性特性を制御するかであり、言い換えるなら、粘弾性特性の周波数領域におけるテラーリング（Tailoring of Viscoelastic-properties in Frequency Domain：TVFD）が今後の課題となる。

　図1.11にTVFDの概念を示す。ここでは接着剤の応力ひずみ線図を

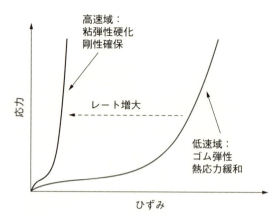

図1.11 粘弾性特性の周波数領域におけるテーラーリング(TVFD)

示しており、負荷速度に依存してその曲線が変化している。低周波領域、すなわちゆっくりとした負荷変化では接着剤は比較的やわらかく、したがって熱応力緩和が容易となる。一方、高周波領域、すなわち早い負荷変化では接着剤は硬くなり、剛性伝達を容易にする。

　寸法の大きな異材部品を接着接合する場合、熱変形に起因するギャップは端部できわめて大きくなるため、これに追従するためには接着剤の最大伸びが十分に大きい必要がある。したがって、異材接合用接着剤にはゴム弾性が要求されるであろう。ただし無闇に柔らかいとクリープ破断を生じるため、高ひずみ域では加工硬化し、破断荷重が高くなる方が好ましい。これらをまとめると、図1.11に示すようにゴム弾性を有し、かつ粘弾性特性を最適化した接着剤の開発が望まれる。

(2) **傾斜機能継手の適用**

　前節で述べたように、車体の剛性確保のためには硬い接着剤、熱応力緩和のためには柔らかい接着剤が必要となり、その両立は容易ではない。しかし、熱応力は接着端部に生じやすく、中央部は比較的変形が少ない。したがって、端部に柔らかい接着剤を、中央部に硬い接着剤を配置すれば、剛性確保と熱応力緩和が両立できる。

　このアイデアを突き詰めると、接着剤層内の物性（ヤング率および最

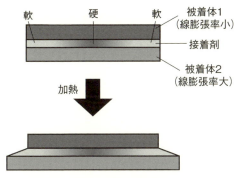

図1.12　熱適合傾斜機能継手の概念

図1.13　熱適合傾斜機能継手によるルーフの接合

大伸び）を、接合長さ方向に適切に変化させ、分布を持たせる手法に到達する。これは傾斜機能継手（Functionally Graded Joint：FGJ）と呼ばれており、負荷応力に対する応力集中回避の観点で、近年研究が増えている[11〜14]。本手法は熱応力緩和にも適用でき、熱適合傾斜機能継手（Thermo-fit Functionally Graded Joint：TFGJ）と呼ばれている（図1.12）。例えばスチール車体にCRRPルーフを接合する場合、その一端を硬い接着剤で接合して剛性を確保し、他端はやわらかい接着で接合して熱応力を逃し、両者を結ぶ線上の接着剤は特性を連続的に変化させる方法が適切と考えられる（図1.13）。

傾斜物性継手の問題点は、これをいかに施工するかにあり、接着剤の組成を変化させながら塗布することは比較的難しい。したがって、接着剤の開発や塗工機の改良を含めた今後のさらなる研究が必要となる。

⑶　インプロセス塗装、アウトプロセス塗装への対応

　マルチマテリアル車体の接着接合を考える場合、どの時点で塗装を行うかがきわめて重要なファクターとなる。車体を組み立てた後に塗装するケースをインプロセス塗装、一方、塗装した部品を組み立てるケースをアウトプロセス塗装と呼ぶ。マルチマテリアル車体でインプロセス塗装を行う場合、異材を接着接合してから塗装を行い、その焼付けプロセスにて、約170℃の高温で接着剤を硬化させる。したがって、最終的に室温まで冷却した際に、接合部に大きな熱変形とミスマッチが発生し、破壊に至る可能性すらある。このため、ガラス転移温度以下でも接着剤に高い柔軟性が要求され、柔らかい接着しか使えないのが現状である。

　しかし、これは剛性の観点で問題があり、したがって今後は柔らかさと硬さを併せ持つ接着剤の開発が必要であろう。前述の熱適合傾斜機能継手の適用も1つの可能性としてとらえることができる。

　一方、アウトプロセス塗装の場合は状況がより容易である。すなわち塗装工程を通す必要がないため、接合部を高温に曝す必要がなく、熱応力の回避が容易である。この場合はむしろ、室温近傍で硬化可能な接着剤が必要となり、別のタイプの技術開発が要求される。すなわち、室温速硬化接着剤の開発である。

　ただし、アウトプロセス塗装の場合でも、異種材車体の場合は使用時の温度変化により熱変形が生じるため、この回避は必要である。したがって、"粘弾性特性の周波数領域におけるテラーリング"や"熱適合傾斜機能継手"の適用がやはり必要になる。

⑷　共有結合接着の実現

　接着剤と被着物の接着メカニズムは、一般的に分子間力が支配的であると言われている。中でも、水素結合が最も強い。一方、水素結合は水分子の侵入により簡単に切断することが可能である。したがって、接着接合部は水に弱い傾向を持つ。接着における多くのトラブルや強度低下の原因が吸水などの水の影響によるものである。このため、劣化の少ない高耐久性の接着接合部では、水素結合や分子間力によらず、共有結合

がメインの接着メカニズムであることが好ましい。しかし、この共有結合接着は、いまだ十分に実現されておらず、今後の取り組みがきわめて重要である。

共有結合接着の実現には、今のところ被着体の表面処理法によるところが大きい。例えば、ガラスなどの接着では、シランカップリング剤を用いて共有結合を作ることが可能である。また金属の接着の場合にも、各種のキレート剤やプライマーが提案されており、部分的な共有結合が実現されている。

一方、プラスチックの場合は材料の種類が多いため状況が複雑である。プラスチックは極性基を持つものと持たないものに分類でき、極性基を持つ場合は接着が比較的容易なため、接着剤の選定により強固な接着が実現できる。一方、極性基を持たないプラスチックの場合は表面に極性基を導入する必要があり、火炎処理やプラズマ処理が最初に行われる。

導入された極性基（官能基）が反応性に富む場合は、プライマーの選択により共有結合接着が可能になる。例えば、プラスチックの表面に水酸基が存在すれば、ポリイソシアネート系のプライマーと水酸基がウレタン結合するため、その後にウレタン接着剤を用いて強固な接合が可能になる。

一方、反応性に富む官能基を持たないプラスチック、例えばポリプロピレンなどでは、火炎処理やプラズマ処理で水酸基などを導入する必要がある。しかし、このプロセスで分子鎖の開裂が生じ、表面の分子量や強度が低下するため、接合強度の向上に結びつかないケースが多い。このことは、ポリプロピレンが車体で最も多く使用されるプラスチックであるという事実と相まって、大きな問題となっている。

近年では、前処理なしでポリプロピレンを強固に接合する接着剤が市販されている。これらの接着剤は特殊な触媒（アルキルほう素アミン錯体）を含有しており、ポリプロピレン表面の水素を引き抜くため、ラジカル化した表面に接着剤成分が共有結合する（グラフト化と呼ばれる）と言われている（**図1.14**)[15]。また、この触媒は特殊な試薬ではなく、

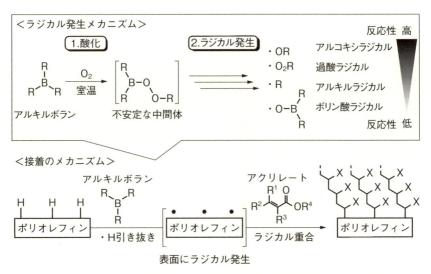

図1.14 アルキルほう素アミン錯体の作動原理と接着のメカニズム
出所：BASFジャパン㈱資料

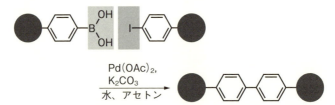

図1.15 鈴木・宮浦クロスカップリング反応を利用した共有結合形成による材料同士の接着[16]
出所：大阪大学大学院原田明特別教授資料

すでに量産され市販されている。

このように接着界面で化学反応を起こす研究は近年注目されており、例えば図1.15のように、クロスカップリング反応による材料界面での接合などが紹介されている[16]。これらの研究は端緒に着いたばかりであるが、プラスチックの接着強度増大とその信頼性確保にきわめて有望であり、今後注目すべき研究テーマである。

(5) 新規のファスナー開発と接着との併用

車体構造に接着が使用される場合は、ファスナーとの併用が多い。多数のファスナーを用い、強固に接合するのであれば、接着剤層内の熱応力はあまり問題とならない。この場合は、むしろ接合部の熱変形が問題となり、接着剤層の変形による緩和が期待できない分、より顕著な熱変形と向き合うことになる。

接着剤層で熱変形を緩和したいのなら、ファスナーにも"滑る"機能が必要になるであろう。すなわち特定の方向に対しては強固に接合するものの、別の方向には被着物の相対変位を許容する、言うなれば"異方性ファスナー"が今後必要とされると考えられる。

4 革新的開発への取り組み姿勢

4.1 材料の変化に振り回されない接着技術の開発

接着は、接合対象の材質に大きく影響されるため、対応がケースバイケースになりやすい。新材料が登場するたびに、その材料によく付く接着剤の開発が求められる。しかし、そのコストは馬鹿にできず、しかも長期耐久試験などを考えるとスケジュール的にも無理が生じる。これらの問題を回避するには、新材料の登場を的確に予想する、多種多様な材料の接着性確保を接着剤でなく表面処理やプライマー処理に委ねる、などの対策が考えられる。

しかし、新材料の将来予想はかなり難しい。今後の車体材料は、鋼材からアルミ合金、さらにCFRPへ推移すると一般的には言われている。しかし、鋼材と言えども技術は進歩しており、単純な予想は禁物である。LCA的観点やリサイクル性、材料固有の環境へのインパクトや問題点などをトータルに考えると、20年後も鋼材が支配的な地位にある可能性は排除できない（かなり高い？）。したがって、研究者や技術者

は流行に惑わされるべきではないし、従来材料も含めて多様なケースを考慮し、接着技術を開発せざるを得ないのが現実ではないだろうか。

　一方、接着性の確保は表面処理やプライマー処理に委ね、接着剤自体は他の機械的特性を担うような、2重系（バイナリー）接着技術は、今後その重要性を高めるであろう。この場合、新材料の登場に合わせて開発が必要なのは、表面処理手法やプライマーのみであり、接着剤自体ではない。

4.2　既成概念にとらわれない接着プロセスの最適化

　接着接合の従来の問題点は、トラブルが多く、耐久性の保障が難しかったことであろう。この点はかなり改善されてきているが、気にしている技術者もいまだに多いと予想される。このような背景があるため、実績のある従来のプロセスに固執しがちな点は十分に理解できる。しかし、技術の進歩のためには、従来の工法やプロセスにこだわることなく、毛嫌いしないで新しいことに取り組む姿勢も重要である。

　接着に関し、いまだに残っている因習は下記のようなものであると筆者は考えている。

　①1液信仰

　②舶来崇拝

　③トラブルが予測不可能という迷信

　このうち、接着剤の1液信仰は相変わらず根強く、ことあるごとに1液接着剤が要求される。接着工程でトラブルを回避したい気持ちは理解できるが、1液系の接着剤には技術的限界が存在し、今後の多様なニーズに対応できない可能性が高い。一方、2液以上の多液系接着剤は自由度が高く、今後の発展が期待できる。また多液系接着剤であっても、塗布システムの工夫と改良により、トラブルの低減は十分に可能である。むしろ、このような周辺機器の開発自体が、実は非常に重要な技術課題となりつつあることを理解すべき時期に差しかかっている。

　接着剤に関する舶来崇拝も依然根強い。特に航空宇宙分野では、外国

政府の認証などの関係で、国産の接着剤や周辺技術が使えない場合がほとんどである。この点は、自動車用途では状況が若干異なり、外国製品に一日の長はあるものの（例えば低温での耐衝撃性）国産接着剤も国内ではかなり強い。また、国産接着剤メーカーの技術力が低いわけでもなく、むしろ高いぐらいで、たとえば電子用途の接着剤開発では日本企業は世界をリードしてきた。今後は、電子材料開発で培った技術やノウハウをスピンオフし、構造用接着剤の分野でも世界的に存在感を増してほしいところである。

　接着でのトラブルを防ぐには、工程の厳格な管理が1つの方法で、このほか抜き取り検査を基盤とした確率論的手法を併用するのが望ましい。問題は抜き取り検査で、車体ではサンプルの破壊検査が実施しにくい。特に大きくて高価な製品はこの傾向が顕著である。したがって、接着接合部の非破壊検査技術がきわめて重要となってくる。現状でも、超音波やロックインサーモグラフィにより、接着接合部の欠陥をかなりの精度で検出できる。したがって、トラブル防止はかなりの有効性を持って実施できる段階にある。

　非破壊検査に残る課題は、よく接着しているように見えて、実は接合強度が低いと言う、いわゆるキッシングボンド（ウイークボンドとも呼ばれる）の検出である。この欠陥はきわめて性質が悪く、重大なトラブルを引き起こしかねない。現状の対応策としては、接着前の被着体表面を化学的に分析する、サンプルにある程度の負荷をかけて剥離しないことを確認するなどの方法が存在するが、十分とは言えない。今後の発展が期待される。

4.3　接着技術にも求められる環境対応

　世界中の大都市では道という道に車が数珠をなしており、世界中で毎年1億台に迫る自動車が製造されている。ということは、廃車も膨大な台数に上る。廃車時の先進国と開発途上国での処分のされ方は大きく異なり、いかなる場合でも低環境負荷で処理できる方法を確立する必要が

ある。

　特に、異材接合を多用するマルチマテリアル車体の場合は、資源の分離回収をどのように行うか十分な検討が求められる。この点については、欧州での取り組みが参考になる。EU の国家プロジェクトとして、ECODISM プロジェクト[17]が実施されたが、この中で接合部の剥離可能な解体性接着技術が開発されている。このような取り組みは今後ますます重要になると考えられる。

第2章

接合法の種類

　製品を組み立てるということは、部品を接合していくことに他ならない。1つの製品の中には、部品の材質や構造、要求特性に合わせて選定されたさまざまな接合方法が用いられている。自動車のマルチマテリアル化が進むと異種材料の接合が増加していくが、そのような異種材料の接合では同種材料同士の接合方法では対応できず、新たな方法が必要となる。本章では新たな接合方法を考える前に、現在種々の部品の組立に使用される各種の接合法を、自動車に限定せず広く紹介する。

1　接合法の種類

　接合法の分類の仕方はいろいろあるが、ここでは機械的接合法、液相/液相による接合法、固相/固相による接合法、固相/液相による接合法に分けて各種接合法を紹介する。

1.1 機械的接合

(1) 弾性変形による接合

① ねじ、ボルト・ナット締結

雄ねじが切られたボルトやねじと、雌ねじが切られた部品やナット間で締め付ける接合方法である。最も多く使われている接合法である。ボルトやねじの弾性変形（軸力）によって締め付けられている。

② 2ピースタイプ・ブラインドリベット

ピンとカラーからなる2ピースのブラインドリベットで、図2.1に示すように片側から締結できる。強度が高く、航空機などでも使用されている。

③ 圧入

穴に、穴径より少し大きい軸を力を加えて押し込んで接合する方法である。部品の弾性変形により締め付けられる。薄板金における缶の丸穴に丸い蓋を押し込んで密閉する用途などに見られる方法である。

④ 釘

圧入と摩擦力による締結である。

⑤ 焼きばめ、冷やしばめ

熱膨張と収縮を利用して2つの物体を結合する方法である。焼きばめ

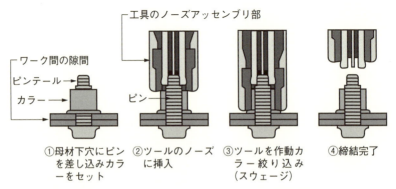

図2.1　2ピースタイプ・ブラインドリベットの締結プロセス

出所：HUCK ボブテール資料

では、一般的には外側に位置する部品を加熱膨張させて内径を広げ、これに内側部品をはめ込む。冷やしばめでは、内側部品を冷却収縮させて、外側部品にはめ込む。その後常温に戻ると部品の弾性変形により締め付けられる。

⑥ スナップフィット

図2.2に示すように、部品の弾性変形を使って相手に押し込み、復元後相手部品に引っかかって抜けなくなる方法をいう。衣類や鞄類、小銭入れなどでよく使われている金属製・樹脂製スナップボタンや線ファスナー（ジッパー）、ポリ袋のチャック、ケーブルの結束に多用されるインシュロック（結束バンド）なども弾性変形を用いた接合である。インシュロックにはナイロン、PP、ふっ素樹脂、PEEK製などがある。

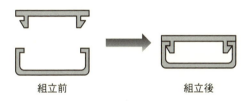

図2.2　スナップフィットによる固定

出所：http://weblearningplaza.jst.go.jp/taikei/688/faq/naiyou.html

⑦ 隙間に板ばねをはさむ、ねじで押さえる

図2.3に示すように、2つの部品の隙間に板ばねを押し込んで、ばねの復元力で固定する方法を指す。板ばねの代わりにボルトやセットねじ（いもねじ）を側面から押し込み、ねじの軸力で押さえる方法もある。大きな隙間では、隙間に楕円や偏心ピンを立てて回転させて部品を押し

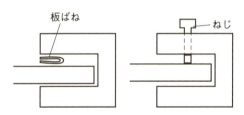

図2.3　板ばねやねじでの押さえつけによる固定

つけて固定する方法もある。
　⑧　くさび
　隙間にくさびを打ち込み、隙間と部品の弾性変形と摩擦力により固定する方法である。

(2)　形状的固定
　①　凹凸によるかみ合わせ
　図2.4に示すように、部品に切り込みを設けて相手部品とかみ合わせて接合する方法である。木材同士の接合などが代表的である。

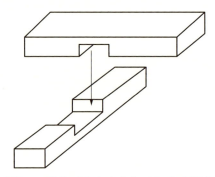

図2.4　凹凸でのかみ合わせによる固定

　②　キー溝にキーを入れる
　図2.5に示すように、両部品に溝を設けておき、溝にキーを入れて固定する。大きなトルクが加わる回転体などでよく使われている。台形の溝と鼓形のキーで、平面同士で接合する方法もある。
　③　ピンによる接合
　図2.6に示すように、貫通穴にピンを入れて接合する方法をいう。
　④　穴とプラスチックのダボの溶融つぶし
　図2.7に示すように、プラスチック部品にダボをつくり込んでおいて、ダボを穴に差し込み、ダボを熱などでつぶして抜けなくする方法である。
　⑤　差し込み
　図2.8に示すように、部品に設けた穴やスリットに相手部品を差し込

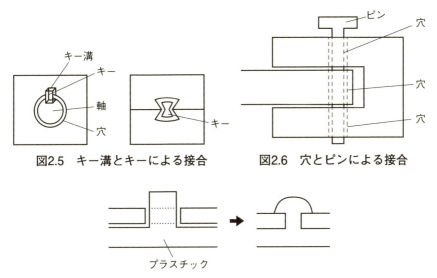

図2.5　キー溝とキーによる接合　　図2.6　穴とピンによる接合

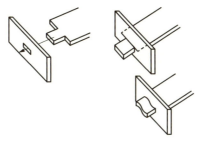

図2.7　プラスチックのダボの溶融つぶしによる接合

図2.8　穴やスリットへの差し込み固定

む方法を指す。構造によってはこのままで抜けない場合もある。抜け止めに、差し込んだ部分を曲げたりねじったりすることもある。部品の片方の端部をあらかじめ曲げておき、差し込む場合もある。

⑥　ヘミング曲げによる抱き込み

　図2.9に示すように、板金を180度折り曲げるヘミング曲げによって、もう1枚の板を抱き込んで固定する方法。自動車ドアパネルの外板と内板の継目に多用されている。ヘミング曲げは塑性変形である。

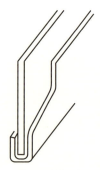

図2.9　ヘミング曲げによる固定

⑦　縫い合せ
　糸を使って薄いもの同士を接合する方法を呼ぶ。
⑧　面ファスナー（マジックテープ）
　フック状に起毛された側と、ループ状に起毛された側とを押しつけることにより、引っかかって貼り合わせができる方法。貼り付けと剥がしが簡単にできる。人工衛星の構体の衣服である熱反射カバーは、金蒸着されたポリイミドフィルムを構体の形に合わせて裁断してミシンで縫い合わせ、ボタンの代わりに面ファスナーで取り付けられている。
⑨　縛り付け
　ベルトやロープ、紐、インシュロックなどを用いて結束する方法である。

(3)　塑性変形による接合
①　ソリッド・リベット
　ソリッド・リベットを穴に差し込んだ後、先端をつぶして両部品を締結する方法をいう。現場施工でリベットのサイズが大きな場合は、リベットを赤熱させて柔らかくしてつぶすこともある。
②　抵抗かしめ
　図2.10に示すように、締結金具を穴に差し込み金具の上下を電極ではさんで通電加熱し、金属を軟化させてつぶして締結する方法である。
③　1ピースタイプ・ブラインドリベット
　図2.11に示すように、リベットを穴に差し込んだ後、リベットに組

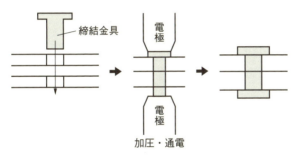

図2.10 抵抗かしめの締結プロセス

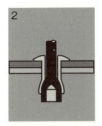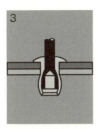

1　工具のノーズ・ピースに挿入し、準備された下穴にセット

2　工具の引き金を引くと、ボルトのステム部分が引き上げられる

3　強力な引付力で締結物を引きつけるときに、下穴を十分に埋める

4　ステムが自動的にボルト頭の頂上部分と「同一平面」で切断される

図2.11　1ピースタイプ・ブラインドリベットの締結プロセス

出所：モノポート資料

み込まれているマンドレルを引っ張ることでリベット先端部がつぶされて締結できる。マンドレルにはくびれが設けてあり、一定の引張力で切断する。片側から作業ができる。材質や寸法、強度、形状などに豊富なバリエーションが用意されている。リベット中心の穴から水が漏れないように、リベットの先端部が閉じているシールドタイプもある。

④　SPR（Self-Pierce Rivet：セルフピアスリベット）

図2.12に示すように、専用の打ち込み用リベットを用いて、ダイで受けながらリベットを押し込んでいく。下穴は不要である。自動車のアルミ車体組立では多くの実績がある。

⑤　セルフタップねじ

図2.13に示すように、ねじ加工をせずにバーリング穴をあけた薄板

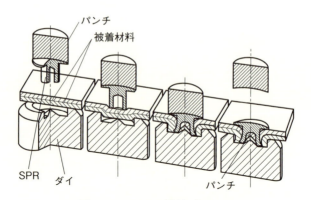

図2.12　SPRの締結プロセス
出所：L.Budde,W.Lappe and M.Boldt : VDI Berichte,No.883,P.333(1991).

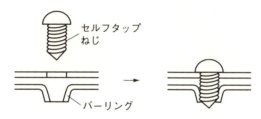

図2.13　セルフタップねじによる締結

部品や穴をあけた厚手のプラスチックなどに直接ねじ込んでいくねじを指す。CFRP用なども開発されている。

⑥　FDS（Flow Drill Screw）

図2.14に示すように、ねじを高速回転させて摩擦熱で金属を柔らかくして押し込む。セルフタップねじの一種とされる。下穴不要で取り外しが可能である。自動車の車体組立にも適用されている。

⑦　Solid punch rivet（ソリッドパンチリベット）

略すとSPRとなり④のセルフピアスリベットと同じなので紛らわしいが、図2.15に示すように、パンチとダイにはさんだ金属板に溝のある専用の鋲を押し込む。下穴不要で、板の表面に突起が出ない。自動車の車体組立にも適用されている。

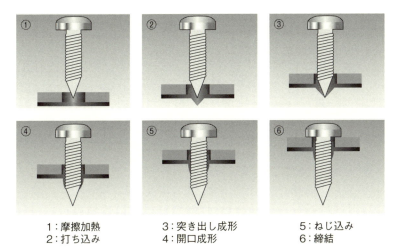

1：摩擦加熱
2：打ち込み
3：突き出し成形
4：開口成形
5：ねじ込み
6：締結

図2.14　FDSによる締結

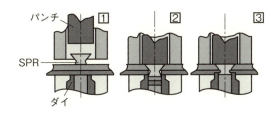

図2.15　ソリッドパンチリベット（SPR）による締結
出所：TOX社資料

⑧　圧入ナット、圧入ねじ

ナットやスタッドねじなどを下穴にプレスで加圧して圧入する。

⑨　ブラインドナット

図2.16に示すように、穴にブラインドナットを差し込み、専用工具のねじをブラインドナットのねじにねじ込んで工具を回すと、ナットの首部がつぶれて部品をはさみ込む。薄板や樹脂や石膏ボードなどの割れやすいものにも使用できるように、つぶれる部分に3, 4本のスリットが入っていて、締め付けると大きく開くタイプもある。ゴム製で防振やシール性を有するものもある。

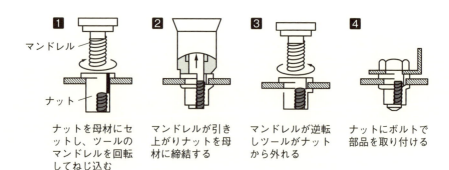

図2.16　ブラインドナットによる締結プロセス
出所：POPリベット社資料

⑩　はとめ

穴に、はとめを挿入した後、プレスでかしめる。

⑪　ステープラー

ホッチキスの名称で知られている。薄物を厚物に固定する場合は、針の先端を曲げずに押し込むだけの使い方もある。

⑫　バーリングかしめ

バーリングした部品をもう一方の部品の穴に差し込み、プレスでバーリングをつぶす方法である。

⑬　プレス突起の押しつぶし

図2.17に示すように、飲料缶のプルトップ部と缶の蓋との接合で使用されているような方法を呼ぶ。

図2.17　プルタブ缶におけるプレス突起の押しつぶしによる接合

⑭　メカニカルクリンチング

図2.18、2.19に示すように、TOXやTog-L-Locなどの名称で知られている。パンチとダイではさんだ金属板を、パンチでダイに押し込んで接合する。自動車の車体組立にも適用されている。

⑮　巻締め

缶の胴と蓋の継ぎ目に使用されているようなかしめの方法を指す。

⑯　ダボかしめ

図2.20に示すように、モーターの積層鉄心でよく使われている方法である。

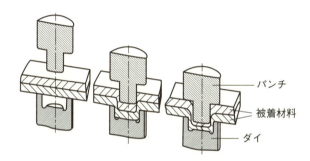

図2.18　メカニカルクリンチング（TOXかしめ）の接合プロセス
出所：T.Kohstall and L.Budde:BLECH ROHRE PROFILE Vol.41,(2)107(1994).

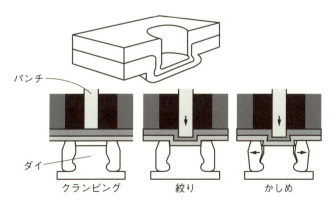

図2.19　メカニカルクリンチング（Tog-L-Locかしめ）の接合プロセス
出所：BTM社資料

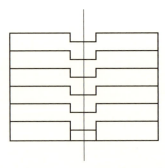

図2.20　ダボかしめによる薄板の積層固定

⑰　押しつぶし（圧着）

梱包用のPPバンドを封緘金具をプレスで押しつぶして接合したり、リード線に端子を圧着工具でつぶして接合するなど、さまざまな形で利用されている。

1.2　液相/液相接合

(1)　金属同士の溶接

①　ガス溶接

アセチレンやプロパンガスと酸素を混合し、燃焼させて得られる高温のガス炎による溶接法である。ただし、溶接用熱源としての温度が低いため、最近ではあまり使われていない。

②　アーク溶接

空気（気体）中でのアーク放電を利用する方法で、母材と電極（溶接棒、溶接ワイヤー、TIGトーチなど）の間でアークを発生させる方法である。発生させたアークをアルゴンや炭酸ガスなどのシールドガスで覆い、アークの安定や溶融金属中への大気の混入を防止したアーク溶接法をガスシールドアーク溶接と言う。その種類としては、ティグ（TIG）溶接（タングステン・不活性ガスアーク溶接）、ミグ（MIG）溶接（メタル・不活性ガスアーク溶接）、マグ溶接（不活性ガスと炭酸ガスを混合して使う）、炭酸ガスアーク溶接（炭酸ガスのみを使う）などがある。

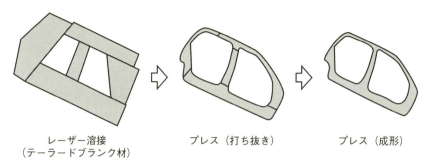

図2.21　テーラードブランクによる自動車部品の成形加工例

溶接の中ではスポット溶接と並び、自動化に適している。

③　プラズマ・アーク溶接

タングステン電極から発生したアークプラズマを、水冷された拘束ノズルの熱ピンチ効果により収束させて得られるプラズマを用いるエネルギー密度の高いアーク溶接である。

④　レーザー溶接

炭酸ガスレーザーやYAGレーザーによって加熱溶融させる方法である。シールドガスを使って大気中でも溶接できる。エネルギー密度が高く、少ない入熱量で溶接できるので、微少な溶接や精密な溶接に適している。自動車の車体組立でも多く使用されており、図2.21に示すように、板厚や特性が異なる板を溶接した後に成形加工をするテーラードブランクなどにも使用されている。制御のしやすさや透明材料を透過するなどの特徴もある。

⑤　電子ビーム溶接

母材に衝突した電子ビームの運動エネルギーで生まれた熱エネルギーにより溶接する方法である。高真空中で行う必要がある。溶接後のひずみが少なく、非常に深い溶け込みが得られる。

⑥　抵抗溶接

溶接したい金属板に電流を流し、金属板の電気抵抗で発生するジュール熱で溶接する。電極での加圧が必要。抵抗溶接法には次のようなものがある。

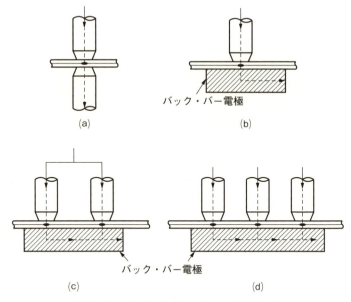

図2.22 ダイレクトスポット溶接の例
出所:やさしいスポット溶接(1977)産報出版

a. スポット溶接

　自動車の鋼板部品の接合に最も使われている方法である。電極で2枚(3枚の場合もある)の金属板をはさんで加圧して通電する。金属板の固有抵抗が大きいほど、発熱量は多くなるため溶接しやすい。アルミは固有抵抗が小さいので、大きな電流を流す必要がある。スポット溶接には、図2.22に示すように、溶接箇所を通じて他方の電極にダイレクトに電流を流すダイレクトスポット溶接と、図2.23に示すように、被溶接材の一部を通じて、溶接箇所から離れた部分で他方の電極に電流を流すインダイレクトスポット溶接がある。また図2.24に示すように、溶接電流が流れる回路に、2つ以上の溶接箇所がある方式をシリーズスポット溶接という。片側に平らな電極を用いると、圧痕が少ない溶接ができる。

b. シーム溶接

　スポット溶接の棒状電極の代わりに、ローラー電極を用いて加圧、

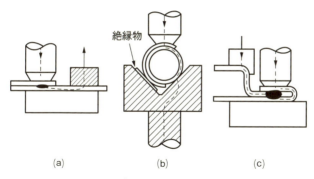

図2.23 インダイレクトスポット溶接の例

出所：やさしいスポット溶接（1977）産報出版

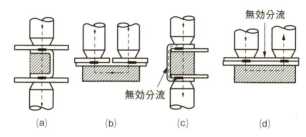

図2.24 シリーズスポット溶接の例

出所：やさしいスポット溶接（1977）産報出版

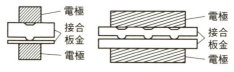

図2.25 プロジェクション溶接の例

通電しながら電極を回転させ、金属板を連続的に溶接する方法である。水密性や気密性が必要な接合に用いられる。

c. プロジェクション溶接

図2.25に示すように、一方の金属部品に突起（プロジェクション）を形成してスポット溶接する方法である。電流が突起部分に集中するので小電流でも電流密度を高くでき、溶接する母材の板厚が異なる場

合でも確実なナゲット（溶融凝固した部分）を形成できる。また、薄板では接合ひずみを少なくすることができる。ウェルドナットやスタッドねじの溶接にも使われる。

d. 高周波抵抗溶接

電縫管の溶接に使われる方法である。母材の溶接部に供給する高周波電流の供給の仕方により、高周波接触抵抗溶接と高周波誘導抵抗溶接とに分けられる。

(2) 熱可塑性プラスチック同士の融着

① 熱風溶接

ホットジェットガンを用いて、熱で溶融する同種の熱可塑性プラスチック同士を、被溶接材と同種の溶接棒を用いて接合する方法である。PVC（硬質塩化ビニル）、PMMA（アクリル）、PC（ポリカーボネート）、PP（ポリプロピレン）、PE（ポリエチレン）、PET（ポリエチレンテレフタレート）、PEEK（ポリエーテルエーテルケトン）、PPS（ポリフェニレンサルファイド）、POM（ポリアセタール）、PVDF（ポリフッ化ビニリデン）、PTFE（テフロン）などが接合可能である。

② フロー溶接

溶接を行うプラスチック母材の開先を加熱した状態で、ガンノズルから溶融した溶加材を充填することにより、プラスチックを溶接する方法である。

③ 熱板溶着

接合する両方の樹脂を熱板に押しつけて表面を溶融して、すぐに貼り合わせて加圧する方法である。

④ ヒートシール

熱可塑性樹脂シート同士を熱板ではさんで熱融着する方法である。

⑤ レーザー溶接

レーザー透過溶着やビームトランスミッション溶接と呼ばれており、低・中出力レベルのレーザーを用いる。熱効率が高いため接合ひずみが少ない。プラスチックのレーザー透過性と吸収性が影響する。

⑥　超音波溶着

被接合物に超音波振動と荷重を与えることにより、境界面に発生する熱で樹脂を溶融して溶着する方法である。

⑦　摩擦溶着

2つのプラスチック部品の接合したい面に圧力をかけて摩擦し、その摩擦熱によってプラスチックを溶融・接合させる方法である。

⑧　スピン溶接

溶接を行うプラスチック母材の接合部に、回転運動を与えた溶接棒を押しつけて溶接する方法である。

⑨　高周波溶着

高周波電場に発生する熱を利用し、プラスチックを溶接する方法である。

⑩　通電加熱溶着

溶接する樹脂部品の間に発熱体をはさみ、通電して発熱させて、その熱により周辺の樹脂を溶融させて溶着する方法である。再通電で分離も容易にできる。

⑪　溶剤接着

溶剤に溶けるプラスチックの接合する両面を、溶剤で溶かして貼り合わせる方法である。接合する面を合わせておき、接合面に溶剤を染み込ませる方法もある。接合面に隙間ができる場合は、溶剤に接合するのと同種あるいは類似のプラスチックを溶かし、粘度を上げた溶剤形接着剤（ドープセメント）が使用される場合もある。

(3)　その他の材料の溶着法

①　再活性接着法

接合する部品の接合部に、熱や溶媒で溶融する接着剤をコーティングして乾燥しておき、接合直前に熱や溶媒でコーティング層を溶融して接合する方法である。異種材の接合もできる。エナメル線（マグネットワイヤー）の表面に、熱で溶融する樹脂をオーバーコートしておき、巻線後に通電などで加熱して樹脂を溶融し、接合する自己融着電線も多用さ

れている。樹脂層を溶剤により活性化する場合もある。切手の糊は水での再活性である。

② ガラス同士の溶着

ガラス同士を熱で溶かして接合する方法である。

1.3 固相/固相圧接

(1) 金属同士の接合

① 熱間圧接

高温で塑性変形により接合面を密着させて、原子拡散や再結晶により接合する方法である。ガス炎を用いて加熱する方法はガス圧接、高周波で加熱する方法は高周波圧接、摩擦熱で加熱する方法は摩擦圧接、板を重ねて高温で圧延接合する方法は熱間圧延と呼ばれている。ガス圧接は、工事現場における鉄筋の接合で最も信頼性が高い方法である。摩擦圧接は、プロペラシャフトの接合に用いられている。金属の組合せによるが、異種金属の接合も可能である。

② 冷間圧接

加熱せずに機械的圧力によって塑性変形を起こし、塑性変形により接合界面の酸化皮膜を破壊して清浄な金属面を露出させ、原子レベルで接合させる方法である。加熱をしないことで軟化などの熱影響を受けない。

③ 拡散接合

接合しようとする面を清浄にして、高真空や不活性雰囲気中で材料を再結晶温度以上に加熱し、比較的小さな力で加圧して、材料間の原子相互拡散によって接合する方法である。

④ 摩擦攪拌接合 (FSW: Friction Stir Welding)

図 2.26 に示すように、2枚の板の突合せ部に先端に突起のある円筒状の工具を回転させながら強い力で押しつけ、摩擦熱で母材を軟化させ、工具の回転力で軟化した部分を塑性流動攪拌混合させて接合する方法である。英国の TWI (The Welding Institute) によって開発された方法で、主にアルミ合金同士の接合に使われてきた。

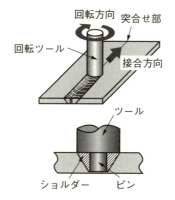

図2.26 FSW の原理図
出所：㈶航空機国際共同開発促進基金資料

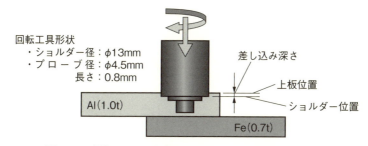

図2.27 鋼板とアルミ板の FSW による接合の原理図
出所：第2回次世代自動車公開シンポジウム「超軽量化技術の深化をめざして」
（2014-3-12）：住友軽金属㈱熊谷正樹

　最近では、鋼板とアルミ板の接合も可能になっている。これは、**図2.27** に示すようにアルミ側から工具を回転させながら挿入し、アルミを軟化させるとともに工具の先端で鋼板の表面をこすって新生面を析出させ、材料間の原子相互拡散によって接合する方法である。ホンダ・アコードのフロント・サブフレームの接合、ハッチバックドアの接合などに使用されている。

(2) **金属以外の接合**
　① ゴム同士の自着（自己融着）
　未加硫のゴム同士を重ねて力を加えておくと、接合界面で分子同士が

拡散して界面がなくなり一体化する。表面に薄い皮膜を形成した未加硫ブチルゴム製の自己融着テープは、引っ張ることにより皮膜が破れて未加硫ブチルゴムが表面に出てきて接合する。電線ケーブルの接続部の被覆などに使われている。また、医療やスポーツ分野では自着性包帯やテーピングに利用されている。

　接合する部品のそれぞれの接合面に、合成ゴム溶液を塗布して付着させた後、溶媒を乾燥させて合成ゴムの乾燥皮膜を形成させておき、接合面の合成ゴム層同士を合せて加圧することで瞬時に自着により接合する方法もある。この方法はコンタクトセメント法と呼ばれ、ゴム系接着剤の使い方としては一般的な方法である。

　②　ゴムとスチールの直接接着

　タイヤなどのスチールコードの表面に黄銅めっきを施し、ゴムの加硫によって接合する方法である。

　③　粘着テープ、シート

　基材に粘着剤を塗布したテープやシートで、力を加えて貼り合わせる方法である。粘着テープ、シートは、正式には感圧性テープ、シートと呼ばれている。基材の両面に粘着層を設けた両面粘着テープやシートもある。

　④　セラミックの接合

　セラミック同士や、セラミックとアルミの接合に固相接合が用いられる場合がある。

　⑤　磁力による接合

　永久磁石を接着などで取り付けた部品を、磁性金属製の部品に磁力で接合する方法である。

1.4　固相/液相接合

(1)　金属による接合

　①　ろう付け

　接合する金属よりも融点の低い合金（ろう材）を熱で溶かし、金属同

第2章 接合法の種類 57

士を接合する方法である。ろう材としては、一般鋼や合金鋼、銅合金などの接合には銀ろう、ステンレス鋼や耐熱鋼などの接合にはニッケルろう、アルミニウムやマグネシウムにはそれぞれアルミニウムろうやマグネシウムろうが使われる。加熱方法によって、バーナーろう付けやアークろう付け、レーザろう付けなどがある。特殊なろう材を用いてセラミック同士を接合する方法もある。

② はんだ付け

ろう付けと類似であるが、ろう材より融点が低い合金（はんだ）を使用して金属同士を接合する方法である。

③ 鋳ぐるみ

融点が高い金属部品を鋳型に固定して、融点が低い溶融した金属を流し込んで接合する方法である。セラミックの鋳ぐるみも多い。

(2) 金属以外の材料による接合

① 接着

接着剤を用い、接合する部品の表面と分子間力によって接合する方法である。接着剤には、有機系や無機系の多くの種類がある。金属と未加硫ゴムの間に接着剤を塗布し、ゴムの加硫によって接着剤とゴム間に架橋を起こさせる加硫接着もある。

熱溶融性の接着剤を接合部にあらかじめ塗布しておき、熱を加え再溶融して接着する方法もある。

② 投錨接合

金属の表面に化成処理で微細な凹凸を設け、射出成形やプレスによって溶融した樹脂を流し込んで接合する方法で、接着剤などの接合材料を用いない直接接合法である。自動車や電機部品の接合法として注目を集めている。

③ 埋め込み

プラスチックの成形時に、金属をプラスチックに埋め込むインサート成形や、金属部品中にプラスチックを埋め込むアウトサート成形がよく知られている。溶融温度が異なるプラスチック同士でも、これらの成形

は可能である。

　繊維強化プラスチックにおいては、繊維が樹脂中に埋め込まれている。樹脂中に含まれているフィラーと樹脂の接合も同様である。繊維強化プラスチックの表面層の樹脂をレーザーなどで除去して繊維を露出させ、露出した繊維を包み込むように樹脂や接着剤で接合する方法もある。樹脂やモルタルでボルトを埋め込むアンカーボルトもある。

1.5　複合接合法

　1.1項から1.4項までで示した各種の接合法を、複数組み合わせた接合方法を複合接合と呼んでいる。

　自動車の車体組立では、接着剤とスポット溶接を併用するウェルドボンディング法、接着剤とリベットを併用するリベットボンディング法、接着剤とメカニカルクリンチングを併用する方法などが使用されている。単独ではそれほどメリットが多くない接合法でも、組合せ方によっては、接合特性の改善や接合作業性の改善に大きな効果が得られることも多い。

　接着剤とその他の接合を併用する方法は「複合接着接合法」と呼ばれるが、その詳細については次章で述べる。

各種接合法の長所と短所

　前節で述べたように、接合方法には多くの種類がある。これらの接合方法の中から、製品の材質や構造、要求機能に合った接合方法を選定することは簡単ではない。そこで、本節では図2.28に示すような金属性の簡単な構造の箱体を事例として、各種接合法の長所と短所について考えてみる。

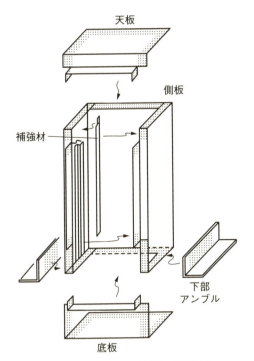

図2.28 金属製の箱体の構造例

2.1 アーク溶接による組立

　このような金属箱体の製造は、アーク溶接で行われるのが一般的である。アーク溶接では、板と板とを突き合わせで接合できるので、図2.28のような接合部の折り曲げは不要で、部品の構造が簡単である。強度的にも問題はない。

　まず、側板内面への断面Z形補強材の接合では、補強材のつばの側面でビード状に飛び溶接を行うか、つばの部分に穴をあけて穴を埋めるように溶接するプラグ溶接（栓溶接とも呼ばれる）が用いられる。側板と天板、底板を組み合わせて箱体にする段階では、ビード状のアーク溶接が使われる。箱体に水密性が必要な場合は連続溶接が行われる。

　当然であるが、板金材料は溶接ができる組合せに限定される。部品の

板厚が厚い場合は上記の方法でそれほど大きな問題はないが、3mm程度以下のような薄い板金では、熱ひずみによって溶接部が変形したり、パネルがひずんだりしてしまい、修正作業が大変である。特に連続溶接では大きなひずみが発生する。溶接のひずみ除去は熟練を要する作業である。

アルミ板の場合は、融点が低く、線膨張係数が大きいため、溶接作業には鋼板以上の熟練技能が必要で、熱ひずみも大きい。また亜鉛めっき鋼板の場合は、溶接前に亜鉛層を除去する必要があり、溶接後に防錆のために塗装などの修復作業が必要となる。

一方、ステンレス鋼板で塗装なしで使用される場合は、溶接の焼けの除去を行う必要があり、非常に手間がかかる。パネルにヘアラインや鏡面などの仕上げがしてある場合は、アーク溶接では組立後に再研磨が必要となり、もはやお手上げに近い。パネル表面にあらかじめ塗装や意匠性フィルム貼りなどがなされている場合にも、熱の点でアーク溶接は使用できない。

2.2 スポット溶接による組立

アーク溶接の熱ひずみや熟練技能の問題を解決する方法として、スポット溶接が考えられる。板金材料は溶接ができる組合せに限定されることは当然である。

スポット溶接では、熟練技能は不要であり、溶接の速度も速く、鋼板同士のスポット溶接は容易にでき、作業や接合性能など問題は少ない。ただし、スポット溶接では2枚の金属板を重ねて接合する必要があるため、図2.28のようにパネルの周囲を折り曲げ加工するなど、アーク溶接に比べて部品の構造や加工は複雑となる。

溶接機としては、固定式や可搬式の溶接機が使われるが、固定式の溶接機では箱体を動かす必要があり、作業性は非常に悪い。箱の奥行きが深い場合には、固定式にしろ可搬式にしろ、溶接機のふところ長さが短ければ電極が溶接部まで届かないことになる。このような場合には、接

合する2枚の板材の片方にバックアップ電極を入れて、2本の電極を並行に並べて通電するインダイレクト溶接を行う必要があるが、電極の加圧力は薄板でも数百kgあるため、バックアップ電極の固定方法が問題となる。

　これらの問題が解決しても、スポット溶接を行うと溶接部に圧痕（くぼみ、インデンテーション）やひけが生じ、焼けも残る。パネルに平滑さが要求される場合は、塗装段階でパテ埋めやパテ研ぎなどの平面出し作業が必要となる。圧痕やひけ、焼けを減らすには、片方の板の溶接部に点状や円状の突起を加工しておき、スポット溶接を行うプロジェクション溶接が効果的である。ただし、プロジェクションの打ち出しのための加工が必要で、溶融したナゲットが小さいことから接合強度も低いという問題がある。

　アルミ板同士のスポット溶接の場合は、アルミは固有抵抗が小さいので溶接時に大きな電流が必要であり、溶接機自体が大がかりなものとなる。また亜鉛めっき鋼板で行う際は、亜鉛が厚いときは鋼より先に亜鉛が溶融して接合面に広がることで電流密度が低下し、溶融部（ナゲット）の形成が悪くなったり電極の消耗が早くなったりするなどの問題がある。

　一方、ステンレス鋼板においては、ヘアラインや鏡面などの意匠性加工がなされている場合や高い接合信頼性が必要なときは、薬液を用いて焼け取り機や浸漬による焼け除去作業が必要である。圧痕やひけの修正は再研磨など大変な作業となる。

　スポット溶接で箱体を組み立てた場合は、点接合のため剛性が低く、ぐらつきやすいという問題もある。また、薄板では溶接点に応力が集中するため、接合強度が低い。さらにスポット溶接箇所で押しつけられるため、溶接部の間で2枚の板金の間に隙間ができるシートセパレーションが起こり、平面度が悪くなるという問題も生じる。点接合であるためシール性が必要な場合は、シール剤の塗布やアーク溶接による連続溶接が必要となる。

2.3　ボルト・ナットによる組立

　ボルト・ナットによる箱体の組立も従来から一般的な方法である。特別な設備を必要とせず、熟練技能も不要で、溶接ができない材料や熱に弱い材料でも接合ができる、分解がしやすいなどのメリットがある。

　箱の外面にボルトの頭が出ても問題がない場合には、部品の構造はスポット溶接と類似であるが、ボルトの頭が箱の外に出てはいけない場合は、パネルの周囲を折り返して箱の内部で締め付けなければならず、部品の構造や組立作業が複雑になる。側板と補強材の接合においては、表にボルトの頭を出さずに接合するのは容易ではない。側板にスタッドねじを溶接しておき、穴をあけた補強材をスタッドねじに差し込んで、ナットで締め付ける必要がある。ボルトとナットの組立作業は簡単に思えるが、非常に時間がかかる作業である。作業効率化のためには、ナットをあらかじめ溶接やかしめなどで取り付けておく必要がある。

　ボルト・ナットによる接合は、穴のある点接合であるためスポット溶接よりも剛性が低く、箱体がぐらつきやすく、直角度も出にくい。薄板を径の小さなボルトで強く締め付けると、スポット溶接同様に締め付け部の間でシートセパレーションが生じ、平面度が出なくなる問題も起きる。また、ボルト・ナットの重量増加も問題となる。シール性がないことはスポット溶接と同様である。

2.4　ブラインドリベットによる組立

　ボルト・ナットの代わりに、片側から締結ができるブラインドリベットを用いる方法もある。締結作業は、リベッターと呼ばれる簡単な工具で短時間に作業が行え、ボルト・ナットより効率的である。素材の材質や組合せの自由度も高い。構造的には、スポット溶接やボルト・ナット組立とほとんど同じである。

　ブラインドリベットの頭部は、ボルトに比べて薄いため、表側からブラインドリベットを差し込んで締結しても、それほど外観を損なうこと

第2章　接合法の種類　63

はない。外面にリベットが出っ張ってはいけない場合は、皿頭のリベットを使えばよいが、薄板では皿加工が困難なことも多い。外面にリベットの頭が見えてはいけない場合は、皿頭のリベットを用いても、塗装段階でパテ修正でリベットを隠す必要がある。塗装をしない場合は隠せないため使えない。

リベットの下穴径とリベット径の公差はかなり小さい。多数のリベットを締結する場合には、両部品の穴のピッチを精度良く出しておく必要があるため、穴加工や曲げの精度を高くする必要がある。リベットもボルト・ナットと同様に、穴のある締結であるため、箱体の剛性は低くぐらつきやすい。また、シール性もない。

2.5　接着剤による組立

板金製の箱体を接着剤で組み立てると聞くと、驚かれる人が多いかもしれない。しかし、接着剤による金属筐体の組立は30年以上前から実用化されており、接合強度や耐久性も実証されている技術である。

接着接合の特徴としては、面接合で接合部での応力集中を低減できるため、薄板を高強度に接合できる、箱体やフレーム構造での剛性に優れている、繰返し疲労に強い、接合と同時にシールができる、接合部のひずみが少ない、各種の材料や異種材料の組合せでも接合できる、大がかりな設備や熟練技能が不要などが挙げられる。

しかし、欠点としては、接着面の表面の状態や作業環境・作業条件によって接着性能がばらつきやすい、接着剤の選定には知識や経験が必要である、室温硬化型接着剤でも接着剤の硬化には分オーダーの時間が必要である、熱に弱い、導電性がない、耐久性が不明確であるなどがある。

接着剤による組立の詳細は次章で述べる。

2.6　複合接着接合法による組立

接着剤による接合の大きな欠点は、硬化まで治具で圧縮固定しておく

必要があることである。箱体のような奥行きが大きなものの場合は、治具は大がかりとなる。そこで、圧縮治具の代用としてブラインドリベットやスポット溶接、ボルト・ナットなどを併用することがある。これらの併用によって、治具は不要となる。また、接着の強度的特性や耐久性を改善させることもできる。接着剤と他の接合方法を併用する複合接着接合法による組立についても同様に、次章で詳しく述べる。

自動車の車体における材料と接合法

3.1 自動車の車体における材料

(1) 鋼材

　自動車の車体用鋼板として、高張力鋼板が多用されてきている。従来は、引張強さが370〜440MPa級の鋼板が主であったが、最近では590〜980MPa級の鋼板が多用されるようになり、1,800MPa級の超高張力鋼板も実用化されている。板厚も、従来は0.8〜0.75mmが主流だったが、最近では0.65mmあたりが主流となっている。また、テーラーロールドブランクと呼ばれる板厚を連続的に変化させる圧延方法も開発・実用化されている。

(2) アルミニウム合金

　欧州車ではアルミニウム合金の採用が増加し、引き抜き材、鋳造材、板材などが使われている。アルミニウム合金の種類としては6000系や5000系が使用されているが、最近では航空機などに使われている7000系（Al-Zn-Mg）も採用され始めている。

(3) 亜鉛めっき鋼板

　従来から溶融亜鉛めっき鋼板（GI材）や合金化亜鉛めっき鋼板（GA

材）が使用されているが、最近では鋼とアルミの接触による電食を防止できる亜鉛めっき鋼板（新日鐵住金製スーパーダイマなど）も使用されている。これは、家電品や建材ではすでに使用されてきたものである。亜鉛に11％のアルミニウム、3％のマグネシウム、微量のケイ素が添加されためっきを行ったものである。

(4) その他の金属

実用金属中では比重が1.8と最も低く、比強度・比剛性が高いマグネシウム合金が、次世代の構造材料として期待されている。

(5) 複合材料

自動車の車体に使われる複合材料は、繊維とマトリックス材として樹脂が使用される繊維強化樹脂（FRP）である。軽量高強度材料として、FRPはバスタブなどの住宅設備、釣り竿やゴルフクラブのシャフトなどのスポーツ分野から小型船舶、航空機や人工衛星、各種車輌など広範囲に使用されている。

複合材料に使用される繊維には、ガラス繊維、炭素繊維、アラミド繊維（ケブラー繊維）などがある。ガラス繊維と樹脂を複合したものはガラス繊維強化プラスチック（GFRP：Glass Fiber Reinforced Plastics）、炭素繊維と樹脂を複合したものは炭素繊維強化プラスチック（CFRP：Carbon Fiber Reinforced Plastics）と呼ばれている。繊維は、長繊維や短く切断された短繊維（カットファイバー）が使用される。

樹脂は、従来はエポキシ樹脂やポリエステル樹脂、フェノール樹脂、ポリイミド樹脂などの熱硬化性樹脂が主であったが、最近はポリエチレンやポリプロピレン、ポリアミド、ポリカーボネートなどの熱可塑性樹脂が検討されている。熱可塑性樹脂を用いた繊維強化樹脂は、熱硬化性樹脂が用いられるものと区別するためにFRTP（Fiber Reinforced Thermo Plastics）と呼ばれている。

FRPの成形方法としては、ハンドレイアップ法、スプレーアップ法、フィラメントワインディング法、引き抜き成形、SMC（Sheet Molding

Compound）法、BMC（Bulk Molding Compound）法、スタンパブル
シート成形、オートクレーブ法、RTM（Resin Transfer Molding）法、
射出成形など多くの方法がある。

　複合材料は今後、自動車の軽量高強度材料として使用量が増加するで
あろうが、その主体は長繊維と熱硬化性樹脂から、短繊維の炭素繊維と
ポリプロピレンやポリアミド（ナイロン）などの熱可塑性樹脂を複合し
たCFRTPへの移行がトレンドである。成形法は部品の大きさや形状、
構造、要求強度などによって各種の方法が採用されるであろう。

⑹　プラスチック

　プラスチックは、自動車においては内装材やバンパーに使用されてい
る。今後は、車体重量の大きな割合を占めているガラスに代わり、窓材
としてポリカーボネート樹脂が用いられるであろう。

3.2　車体の材料と接合方法

⑴　鋼板/鋼板

　接合の主体は溶接である。薄板同士の接合で最も使われているのはス
ポット溶接である。構造強度が必要な部分では、アーク溶接も使用され
ている。テーラードブランクにおける板同士の接合や、強度が必要な部
分での連続溶接、点接合から線接合への移行に伴うスポット溶接の代替
としてレーザー溶接が増加している。

　接着剤による接合も増加しているが、接着剤だけでの接合は少なく、
接着剤とスポット溶接を併用するウェルドボンディングが、剛性向上、
疲労特性向上、シール性確保などを目的として多用されるようになって
きている。新しい方法としては、FDS（Flow Drill Screw）なども採用
されている。

⑵　アルミ/アルミ

　スポット溶接は、アルミニウムでは大電流が必要なためあまり使用さ

れていない。構造部材の連続溶接では、アーク溶接が使用されている。Audi・A8やR8では、引き抜き材と鋳造材や板材との接合にアーク溶接のMIG溶接が、Aピラーとカウルトップ、フロントサイドメンバーとロワーパネルなどで用いられている。レーザー溶接も用いられており、Audi・A8では、ルーフレールとルーフパネル、サイドシルなどに使用されている。新しい方法としては、摩擦攪拌接合（FSW）も用いられている。

　アルミ同士の接合においては、セルフピアスリベット、ブラインドリベット、ソリッドパンチリベット、メカニカルクリンチングなどの機械的接合や塑性加工を利用した接合法が多く用いられている。

　接着も多用されているが、接着とセルフピアスリベットの併用、接着とメカニカルクリンチングの併用などが多い。今後は、接着とFDS（Flow Drill Screw）の併用、接着とソリッドパンチリベットの併用など各種の複合接着接合法が用いられるであろう。

⑶　アルミ/鋼

　スポット溶接、アーク溶接、レーザー溶接は困難なため、溶接は接合の主体にはなっていない。最近では摩擦攪拌溶接（FSW）を改良し、軟化させたアルミを鋼の新生面に押しつけて連続接合する方法がホンダによって開発され、エンジンとサスペンションを支えるサブフレームの組立などに使用されている。マツダはFSWをスポットにしたSFW（Spot Friction Welding）を開発し、マツダ・RX-8の後部ドアやボンネットのアウターパネルとインナーパネルの接合に用いている。

　セルフピアスリベット、ブラインドリベット、メカニカルクリンチング、FDS、ソリッドパンチリベットなどの機械的接合や塑性加工接合が多く用いられているが、アルミ/鋼の接合においては電食防止が課題であり、接着剤も多用されている。接着とセルフピアスリベットの併用、接着とメカニカルクリンチングの併用、接着とFDSの併用、接着とソリッドパンチリベットの併用など各種の複合接着接合法が使用されている。Audi・A8では、ルーフレール（アルミ）とBピラー（高張力鋼板）

の接合に使用されている。

⑷ **複合材料**

① 複合材料/複合材料

構造強度が要求される部位では、ボルト・ナット締結が使用されている。その他に、ブラインドリベットや接着、接着とブラインドリベットの併用、接着とボルト・ナットの併用などの方法も使用されている。

② 複合材料/金属

ボルト・ナット、ブラインドリベット、接着、接着とブラインドリベットの併用、接着とボルト・ナットの併用など種々の方法が用いられている。今後は種々の新たな接合方法が出現するものと思われる。

第3章

接着剤による接合・組立技術

　車体のマルチマテリアル化が進むと、異種材料の接合が増加する。異種材料の接合方法の1つとして、接着剤を用いる接着接合が有力視されている。接着接合は航空機の機体組立をはじめとして、構造部材の接合に長年にわたって実用化されているが、一般には弱くて長持ちしないものという誤った認識を持たれており、自動車の車体組立や民生用機器では積極的な採用には至っていない。

　本章では接着接合を正しく理解するために、日本の接着技術の世界的レベルと現状、接着と他の接合法の比較、接着の特徴・機能と得られる効果、接着の欠点、接着の欠点を補完する複合接着接合法について述べる。

1　日本の接着技術の世界的レベルと現状

　わが国においては、強度や信頼性が要求される構造接着は、ロケットや人工衛星などの宇宙機器、航空機、高速鉄道車輌や一部の自動車など多くのハイテク機器の組立に使用されている。しかし、日本における構造接着の技術レベルは、欧米諸国に比べて決して高いとは言いがたい。

その原因は、構造接着技術の牽引役である航空機産業が出遅れたためと考えられる。一方、溶接技術と鉄鋼技術は、造船という牽引役があったため世界をリードする技術に育っている。牽引役がなかったことは悪循環を生み、接着剤メーカーも大学や公的研究機関、産業界も構造接着技術の開発にリソースをかけてこなかった。

その結果、日本の大学において「接着工学」を扱っているところはほとんどなく、接着の技術者が育っていないのが現状である。そのため、機器製造メーカーにおいても接着の専門技術者は非常に少なく、設計者から接着でモノを組み立てるという発想が出にくい状況にある。

自動車の車体組立においては、窓ガラスを車体に接合するダイレクトグレージングや、鋼板同士のウェルドボンディングなどで国産のシール材や接着剤が使われてはいるが、基本的に欧米で生まれた技術であり、日本製のシール材や接着剤が欧米車に大量採用されるには至っていない。日本では、高張力鋼板に代表される鉄鋼材料およびレーザー溶接などの溶接技術の世界的技術レベルの高さによって、自動車の車体は鋼板と溶接主体の構造、組立で進んできた。そのため、欧米でのアルミニウム化や複合材料化における接着および機械的接合、塑性加工的接合を含めた溶接以外の接合方法の開発も出遅れた状況にある。

炭素繊維の技術は日本が世界一であるにもかかわらず、残念な状況である。車体軽量化において、車体用材料のマルチマテリアル化は避けて通れない状況にあり、接合方法も接着を含めた種々の新しい方法の開発が要求されている。ここに来て、ようやく産業界のみならず国レベルでの異種材料接合技術の開発が開始され、その中で、接着による接合・組立技術が注目されているが、解決・開発しなければならない課題は多い。

接着と他の接合法の比較

表3.1 に、各種接合方法の特性の比較を示した。接着剤を用いる接着

表3.1　各種接合方法の特性の比較

	アーク溶接	スポット溶接	ボルト・ナット	リベット	接着	接着・リベット併用
接合ひずみ・変形	×	×	△	△	◎	△
外観・平滑性	△	△	×	△	○	△
異種材接合	×	×	○	○	◎	◎
電食防止	×	×	×	×	◎	○
シール性	○	×	×	×	◎	◎
隙間充填性（部品精度吸収）	△	×	×	×	◎	○
薄板高強度接合	×	×	×	×	○	◎
耐振性	○	○	×	×	○	◎
箱体剛性	○	×	×	×	○	○
振動吸収性	×	×	△	△	○	○
耐熱温度	◎	◎	○	◎	△	△
設備費用	×	×	◎	○	○	◎
接合作業の容易さ	×	○	○	○	○	◎
仕上げ作業の容易さ	×	△	◎	△	◎	○
低温接合	×	×	◎	◎	◎	○
接合時間	△	◎	○	◎	×	○
塗装耐熱性	◎	◎	◎	◎	○	○

問題の多さ×＞△＞○＞◎

接合は、他の接合方法に比べて多くの特徴を持ち、接着接合を活用することで種々の効果が得られることがわかる。

　具体的な事例で、接着と他の接合方法の特性の違いを考えてみる。**写真 3.1** は、銀河系宇宙の精密立体地図をつくる国立天文台の VERA プロジェクト[18]で使用されている直径 20m のパラボラ電波望遠鏡である。水沢、小笠原、入来、石垣島にある 4 台を連携させることで月面上の 1 円玉を判別できる非常に高い測定精度を有し、直径 20m の反射面内での凹凸は 0.25mm 以内という非常に高い曲面精度を誇る。直径 20m の反射鏡は、写真 3.1 に示すように約 1m×3m のパネル 120 枚に分割され

てつくられているが、単体のパネルの面精度は0.15mm以内である。**写真3.2**[19]に単体パネルの構造を示した。高精度の曲面をつくるために、アルミ板の反射板の裏面に溶接で組み立てられたストレッチと呼ばれる補強枠が取り付けられている。反射板は非常に高精度な曲面が必要なため、反射板を曲面型に吸着させた状態で補強枠が接合される。しかし、補強枠はアルミ形材を溶接で組み立てられており、精度があまり高くできないため、反射板と補強枠の間には数mmの隙間ができてしまう。このようなパネルの組立方について考えてみる。

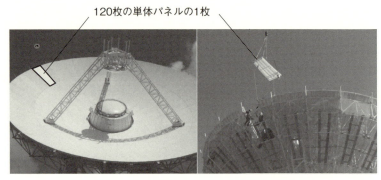

写真3.1　直径20mのパラボラ電波望遠鏡

撮影：左：原賀康介、右：国立天文台宮地竹史氏

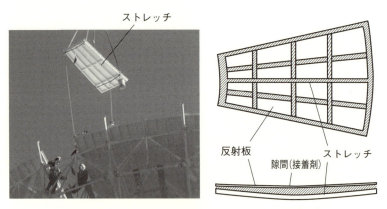

写真3.2　パラボラ反射鏡の単体パネルの構造[19]

撮影：国立天文台宮地竹史氏

第3章　接着剤による接合・組立技術　73

　アーク溶接で組み立てる場合は、アーク溶接で隙間を埋めて接合することはできるが、熱ひずみが大きく、高精度な鏡面を得ることはできない。スポット溶接や皿頭のねじでは反射板が補強枠の曲面に沿わされてしまい、これも精度は出ない。また、スポット溶接やねじなどの点接合では強度的に弱いため、多点での固定が必要となる。反射面には電極の圧痕やねじ頭の段差も残り、パテ埋めで補修が必要となる。補強枠を反射板と同じ精度に機械加工すれば鏡面精度は出せるが、加工は容易ではない。そこで使用されているのが接着接合である。

　接着剤は隙間埋めと接合を同時に行い、高精度の曲面を容易に得ることができる。この電波望遠鏡では、風速毎秒90m（時速334km）の台風の風圧でも剥離や変形を起こさずに規定の面精度を維持し、30年以上の耐用年数が必要であるが、接着剤はこの要求を十分に満足できる強度と耐久性を持っている。ここでは、室温で硬化する2液型変成アクリル系接着剤（SGA）が使われている。

　次は、造船所での大型船舶の組立である。大型船舶がアーク溶接で組み立てられていることはよく知られている。大型船では、船体は厚さ30～80mmほどの鋼板でつくられている。アーク溶接であれば板同士の突合せ接合で鋼板と同等の接合強度を容易に得ることができる。リベットやボルトなどは穴をあけるため、船体の組立には適していない。接着剤で、30mm厚さの鋼板自体の引張強さと同等の接着強度を出そうとすると、重ね合わせ長さを60cmもとる必要があり、アーク溶接に太刀打ちできるものではない。

　したがって、用途によって最適な接合法を選択する必要がある。

　電波望遠鏡では接着剤により反射鏡が組み立てられていることを述べたが、接着にあまり詳しくない人は、接合強度が十分であるのか相当な不安を抱くであろう。特に、接着は衝撃に弱いと思われていることが多い。接着で接合したモノの強さを簡単に実感するには、無理矢理壊してみることが一番である。

　写真3.3は、破壊作業の一例である。2液室温硬化型変成アクリル系接着剤（SGA）（電気化学工業製ハードロックC-390）で2mm厚さの

写真3.3 衝撃による製品の剥離破壊試験の様子

撮影：原賀康介

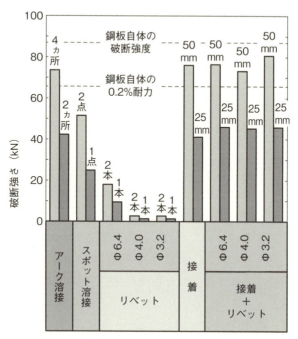

図3.1 各種接合方法のせん断強さの比較[20]

アルミ板とアルミの角パイプフレームが接着されたパネル状のものである。通常は溶接作業を行っている作業者3人が、バールやたがねを叩き込んで壊しているが、溶接よりも破壊しにくく、写真のように破壊できたとき部品はグニャグニャに変形している。溶接作業者らも接着の強さに驚嘆していた。このように、接着は決して弱いものではない。

　もう少し定量的に見てみる。図3.1[20]はアーク溶接やスポット溶接、ブラインドリベット、接着、接着とブラインドリベットの併用の各接合継手のせん断強さの比較である。試験片は、厚さ2.3mmの鋼板（SPHC）同士の重ね合わせ継手で、形状・寸法は図3.2[20]に示した。接着剤は、2液室温硬化型変成アクリル系接着剤（SGA）（電気化学工業製ハードロック C-355）である。この結果から、接着剤による接合は、スポット溶接やブラインドリベットよりも強く、アーク溶接と同等の強度を持つことがわかる。図3.3[21]は、スポット溶接、メカニカルクリンチング（TOXかしめ）、セルフピアスリベット（Henrob Rivet）、接着のそれ

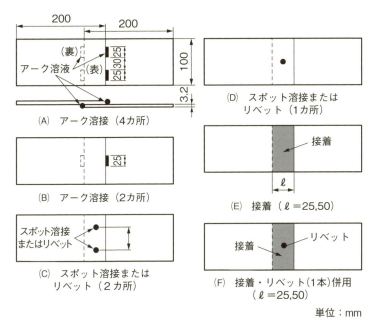

図3.2　接合強度測定用試験片の形状・寸法[20]

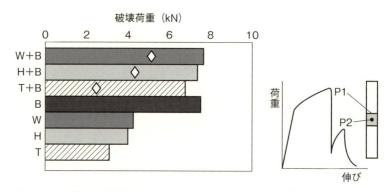

図3.3 スポット溶接(W)、メカニカルクリンチング(T)、セルフピアスリベット(H)、接着(B)のそれぞれ単独の接合方法および接着との併用接合のせん断強さの比較
（棒グラフはP1破断荷重、◇はP2破断荷重)[21]

ぞれ単独の接合方法および接着との併用接合のせん断強さの比較である。試験片は、厚さ1.6mmのアルミ板（A5182-0 酸洗）同士の重ね合わせ継手（接着部の幅25mm、重ね合わせ長さ25mm）である。接着剤は、1液加熱硬化型エポキシ系接着剤（サンスター技研製 E-6208）である。この結果から接着剤による接合は、スポット溶接やセルフピアスリベット、メカニカルクリンチングよりも強いことがわかる。

3 接着の特徴・機能と得られる効果

　接着剤による接合には次に示すような多くの特徴・機能があり、多くの効果を生み出すことができる。

(1) **異種材料の接合─適材適所の材料選定─**
　金属、プラスチック、ガラス、セラミック、複合材料、木材、紙などの広範囲の材料の接合が可能である。接着剤の選定は必要だが、同種材料同士や異種材料同士でも比較的容易に接合ができる。

第3章　接着剤による接合・組立技術　77

　この特徴を活用すれば、材料選定の範囲は大きく拡大し、適材適所の材料設計が可能となる。適材適所の材料設計により、軽量化や材料費低減、高機能化、高強度化、意匠性向上などの効果が得られる。

(2)　低温接合
①　接合ひずみや変形の防止
　異種材料の接合において問題となるのは、線膨張係数の違いである。溶接などの溶融接合や高温での固相接合では、接合時の熱により部品が膨張し、冷却後に収縮すると変形が生じてしまう。
　接着剤による接合は、接合時の温度が低いためひずみや変形が生じにくい。ただし接着剤が加熱硬化型で、硬化後の硬さが硬い場合には、材料の組合せによってはひずみや変形が生じる。柔らかい接着剤では強度が出ないという問題がある。そこで、室温硬化型の接着剤を用いることにより、問題を解決することができる。
②　熱に弱い材料の接合
　溶接やろう付け、はんだ付けなどで部品を接合する場合には、部品は接合時の高温に耐える材料でなければならない。接着接合は接合温度が低いため、熱に弱い部品の接合も可能である。室温硬化型接着剤を用いれば、材料の耐熱温度は問題にならない。例えば、金属パネルの裏面に金属補強材を接合する場合、溶接であれば金属同士を接合した後に塗装を行う必要があるが、接着を用いれば塗装後に接着することが可能となる。

(3)　低ひずみの接合
　溶接などの溶融接合では、同種材料同士の接合でも接合部に接合ひずみが生じる。スポット溶接では圧痕や凹みなどが生じる。接着剤による接合では、接着剤の硬化段階で硬化収縮応力や、加熱硬化型接着剤の場合は硬化温度から室温までの冷却段階で熱応力が生じるが、これらの内部応力は溶融接合に比べると小さく、大きな接合ひずみは生じない。

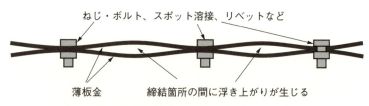

図3.4 薄い板金の接合における板金の浮き上がり

(4) 接合に力を要しない—部品の高精度位置合わせ、平坦度確保—

　精密な位置決めが必要な部品をねじで固定すると、締め付けトルクにより微小な位置ずれが生じてしまう。接着接合では接合時に大きな力は不要なため、位置ずれを生じさせずに精密な位置決めが容易にできる。

　図3.4に示すように、スポット溶接、ねじ・ボルト、リベットなどの点接合で薄い板金部品を接合すると、締結部と締結部の間が膨れて部品に凹凸（シートセパレーション）が生じるが、接着接合ではきれいな面を容易に得ることができる。

(5) 面接合

① 薄板の高強度接合

　ねじやボルト、リベット、スポット溶接などの接合は点での接合であり、アーク溶接やレーザー溶接、シーム溶接などは線による接合である。簡単に面接合ができる接合方法は接着以外にはほとんどない。このような点や線の接合では、接合部に力が加わった場合に点や線の部分に応力が集中するため、変形や破壊を起こしやすい。特に、薄板の接合や繰り返し応力が加わる場合は、低い応力でも破壊を起こすことになる。接着剤による接合は面での接合であることで、接合部に力が加わっても面全体で力を受けるため、応力集中が少ない。このことは、紙同士を糊で貼り合わせた場合と、ステープラー（ホッチキス）で点接合した場合を考えるとよくわかる。

　図3.5[22)]は、鋼板同士のアーク溶接（線状接合）、スポット溶接、リベット（点接合）と接着接合（面接合）の繰り返し疲労試験の結果である。縦軸は負荷した力、横軸は破壊までの繰り返し回数である。これら

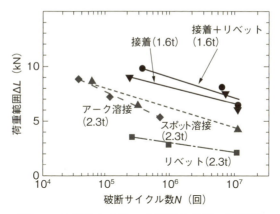

図3.5 各種接合方法の疲労破壊特性の比較[22]

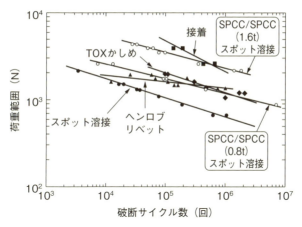

図3.6 アルミ板同士の各種接合における繰返し疲労特性の比較[21]（0.8mm同士と1.6mm同士の軟鋼板のスポット溶接とも比較）

の結果から、面接合の接着は点や線での接合方法より疲労特性に優れており、接着では鋼板の板厚を1.6mmと薄くしても、2.3mm厚さでの他の接合より優れた疲労特性を示していることがわかる。**図3.6**[21]は、厚さ1.6mmのアルミ板同士の繰り返し疲労試験で、点接合であるスポット溶接、メカニカルクリンチング（TOX）、セルフピアスリベット（Henrob Rivet）と面接合である接着接合の比較であり、0.8mm同士と

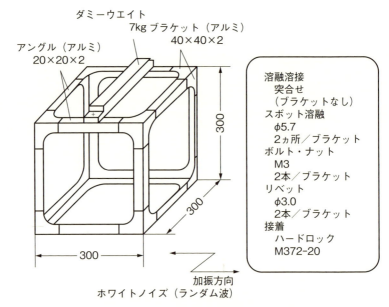

図3.7　各種接合法の振動特性の比較試験（単位 mm）[23]

1.6mm同士の軟鋼板のスポット溶接とも比較されている。試験片は図3.3と同じものである。表3.1にも示したように、接着を用いることで板厚低減が可能となり、材料費低減や軽量化が可能となる。

② 剛性向上

ねじやリベットは穴のある点での接合であるため、フレーム枠体や箱体などを組み立てるとぐらつきが起こりやすい。接着は面接合であるため接合面の全体で変形の応力を受け、箱体が非常に頑丈になる。ねじやリベットと同等の剛性でよければ、剛性が向上する分板厚を薄くしたり、構造を簡素化したりして、材料費低減や軽量化を図ることができる。**図 3.7**[23]、**表 3.2**[23]は、溶接、ねじ、ブラインドリベット、接着（電気化学工業製ハードロック C-355）で組み立てたアルミフレーム枠体の振動特性の比較を示したもので、接着は最も固有振動数が高いことがわかる。

第 3 章　接着剤による接合・組立技術　　81

表3.2　各種の接合法の振動特性の比較試験結果[23]（ウエイト7kg）

接合方法	固有振動数 fn (Hz)	ばね定数比 (剛性)	応答倍率 Q	粘性減衰係数比 ξ (%)
溶融溶接	25.14	1.00（基準）	54.3	0.9
スポット溶接	24.12	0.92	27.1	1.9
ボルト・ナット	23.53	0.88	21.9	2.3
リベット	19.32	0.59	9.8	5.1
接　着	26.79	1.14	36.1	1.4

ばね定数比（剛性）$k/k_{weld} = (f_n/f_{nweld})^2$
粘性減衰係数比 ξ（%）$= 1/200Q$（Q は共振時の応答倍率）

(6)　隙間充填性

①　部品の加工精度の吸収や低減、高精度位置決め

大型の金属プレス部品や樹脂成形部品の寸法精度を常に 0.1mm オーダーで製作することは困難である。溶接や締結では部品を押しつけて接合するが、隙間が大きい場合は組立精度や接合性能、意匠性などに影響が出ることもある。接着剤は液状やペースト状の液体であるので、接合面の隙間を埋めながら接合することができる。この隙間充填性を活用すれば、部品の接合面の加工精度を落としてコストダウンを図ることもできる。また、部品の位置合わせを行った状態で接着剤を隙間に注入し接合することも可能で、高精度の位置合わせが容易に行える。

②　電食防止

アルミと鋼のような異種金属の接合や金属と炭素繊維強化プラスチック（CFRP）の接合においては、電食の問題があるが、絶縁物である接着剤の層をつくることで電食を防止できる。

③　シール性

スポット溶接やリベットなどの点接合では、接合部にシール性がないため、シール剤を塗布するなどのシール作業が必要となる。接着接合は面接合であるため、接合と同時に水密性や気密性などのシール機能が得られる。

④ 振動吸収性

ほとんどの接着剤は有機物であり、弾性体と粘性体の特性を併せ持つ粘弾性体という特性を有している。接着剤の粘弾性によって、接合部にはさまった接着剤は振動を吸収するダンピング効果を発揮する。例えば、溶接やねじで接合した板金部品を叩くとバンバンという金属音がするが、接着した金属板同士を叩くと木材のようなコンコンという音になる。この効果を利用することで、車輌などの振動が加わる部品で板厚を低減しても振動音を低減できたり、ドアなどの衝撃音を緩和したりするなどの効果が得られる。ダンピング効果を特に高くした接着剤をはさんだ制振鋼板も販売されている。

図3.7、表3.2の結果では、接着では、溶接より高い固有振動数、ばね定数比（剛性）が得られるとともに、振動吸収性により応答倍率が溶接よりも低くなっていることがわかる。すなわち、下面の振動が上部に伝わりにくくなっている。

⑤ 熱的、光学的機能の向上

部品間を接着剤で埋めて空気層をなくすことにより、熱伝導特性の向上や光学部品表面での光の反射防止などを図ることができる。部品間に発泡体や熱伝導性の低い接着剤を入れることで、熱伝導特性を低下させることもできる。

(7) 熟練技能が不要

アーク溶接やひずみ修正作業には高度な熟練技能が必要であるが、接着作業には特殊な熟練技能は必要ない。熟練技能者の高齢化により空洞化が進んでいる昨今、素人工化による作業者の確保や人件費の低減などに効果が得られる。

(8) 大がかりな設備が不要

接着作業には高価な設備はほとんど必要ない。特に室温硬化型接着剤を用いれば、加熱硬化設備も不要である。また、室温硬化型の接着剤での手作業接着の場合は作業場所を限定されず、修理工場での補修作業に

第 3 章　接着剤による接合・組立技術　　83

も容易に対応できる。

⑼　低エネルギー接合—組立工程の省エネルギー化—

　接着接合の特徴である低温接合、低ひずみ接合（ひずみ修正作業の廃止）、隙間充填性（部品の加工精度低減）、面接合による応力分散（薄板化）などにより、製造工程において使用される電力や加熱燃料などのエネルギーを削減できる。**表3.3**[24]には、制御盤用筐体の製造における使用エネルギー量の比較を示した。

　開発途上国では突然の停電も多いが、室温硬化型接着剤を用いた手作業接着工程は停電時でも組立作業を続行できることから、接着が採用されているケースもある。

⑽　火気レス工法

　アーク溶接では溶接アーク、スポット溶接では火花、溶接後のグラインダー仕上げでも火花が発生する。これらの火気の近くに燃えやすいも

表3.3　接着・リベット併用による配電盤・制御盤組立の効果（アーク溶接との比較）[24]

組立法	溶　接	リベットボンディング		
材　料	鋼　板	めっき鋼板		塗装鋼板
塗　装	塗　装	半塗装		塗装レス
板　厚	3.2mm	2.3mm		1.6mm
筐体重量	100 % (246kg)	82 % (201kg)	82 % (201kg)	57 % (140kg)	57 % (140kg)
作業時間	100 %	69 %	53 %	58 %	36 %
コスト	100 %	80 %	69 %	70 %	61 %
工　期	100 %	82 %	73 %	73 %	64 %
工場騒音	98 ホーン	80 ホーン	80 ホーン	80 ホーン	80 ホーン
製造時の電力使用量	100 %	64 %	40 %	43 %	16 %
塗装熱源ガス使用量	100 %	55 %	55 %	55 %	0 %
素原料からの 全使用エネルギー	100 %	78 %	83 %	64 %	51 %

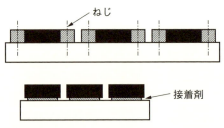

図3.8 接着による接合スペースの削減

のがある場合には、防火シートでの養生などの作業が必要となる。近くで塗装を行っている場合には、塗料から出た溶剤への引火にも注意が必要である。既存建造物や工場などでの補修・改修工事や船内での擬装工事などでは火気レスの接合方法が望まれている。接着接合では火気を用いないため、火気レス工法が可能になる。

(11) 部品の表面での接合─小型化、高密度化─

図3.8に示すように、ねじやリベットで部品を固定する場合には、ねじを締めるためのスペースが必要となる。しかし、接着では部品の表面を直接接合面として活用でき、部品の小型化・高密度化や軽量化、穴加工の廃止による工程簡素化などが図れる。

4 接着の欠点

前節で、接着にはさまざまな特徴・機能があることを述べたが、良いことばかりではなく、次に示すような欠点もある。

(1) 界面を有する結合である

接着剤による接合は接着剤と部品表面での接合であり、接合後にも界面が残っている。溶接では界面は残らない。接着される部品の表面の状態を常に同じ状態に管理することは困難なため、接着接合では強度がば

第3章　接着剤による接合・組立技術　85

らつきやすいという問題がある。

⑵　化学的な反応や結合が接着強度のベースである

　接着剤と部品表面とは化学的に結合している。また、接着剤自体が化学製品であり、硬化反応は化学的に起こる。硬化前や硬化後の物性も化学的な組成に依存している。このように、接着は化学的なものであるため、可視化しにくく、機械系技術者には理解しにくい面がある。

⑶　液体を使用する接合法である

　接着接合は「接着剤」という「液体」を用いる接合法であるため、ねじやボルト、リベット、かしめなどにはない液体に適した構造やプロセス、管理が必要となる。塗布設備など一般の組立工程で使用される設備とは異なる設備も必要で、それが用いる接着剤の性質によって変化するとなると、設備設計者にとっては頭が痛いところである。固体で熱溶融型のホットメルト系接着剤や粘着テープなどが重宝されるのは、この問題が少ないことも一因と思われる。

⑷　接着剤の選定が難しい

　接着剤と一口に言っても、昆虫のように非常に多くの種類があり、その中から最適なものを選定するにはかなりの経験が必要である。複数の接着剤メーカーに問合せをしながら選定していく必要がある。

⑸　被着材料によって接着性が異なる

　接着剤はすべての材料に接着するわけではない。テフロンなどのフッ素樹脂、ポリエチレン（PE）やポリプロピレン（PP）などのポリオレフィン樹脂には接着できないのが普通である。ただし、最近では各種の難接着材料に適した接着剤も開発・販売されており、まずは接着剤メーカーに相談するのがよい。

　同種の金属といっても材種やめっき、化成処理などによって接着性は異なる。接着に適した表面に調整したり、最適な接着剤を選定したりす

表3.4　各種亜鉛めっき鋼板における構造用ウレタン系接着剤の接着強さ[25]

めっきの種類	めっき後処理	メーカー	剥離接着強さ（N/25mm）と破壊状態	
			+25℃	−20℃
溶融亜鉛	普通クロメート	A	196　界面	78　界面
		B	167　界面	0　界面
		F	108　界面	0　界面＋P
	特殊クロメート	F	196　界面＋凝集	59　界面＋P
電気亜鉛	無　処　理	F	0　界面	0　界面
		D	0　界面	0　界面
	普通クロメート	D	49　界面	0　界面
		F	108　界面＋凝集	118　凝集＋界面
	リン酸塩処理	F	196　凝集	206　凝集
	樹脂コーティング	F	157　凝集＋界面	147　界面＋凝集
	複合コーティング	D	0　界面	0　界面
Fe-Znアロイ化	無　処　理	E	216　界面＋凝集	0　全面P
	特殊クロメート	F	0　全直P	0　全面P
合金	特殊処理	E	294　凝集	275　凝集

P＝めっきと素材鋼板間での破壊

る必要がある。**表3.4**[25]には、各種の亜鉛めっき鋼板における構造用ウレタン系接着剤の接着強度と破壊状態の比較を示した。めっきの後処理によって接着強度、破壊状態が大きく異なることがわかる。

(6)　温度の影響を受けやすい

　有機物の接着剤は耐熱温度に限界がある。400℃を超えると炭化し、発火燃焼するものがほとんどである。200〜260℃程度で大きな力が加わらない部分では、シリコーン系接着剤が広く使用されている。エポキシ系やフェノール系、ポリイミド系などの耐熱温度が高い接着剤もあるが、強度的特性と作業性のバランスが難しいものも多い。

　接着強度は温度によって変化する。変化の程度は接着剤の種類によって異なるが、一般に温度が高くなると接着剤が柔らかくなるため接着強度は低下し、低温になると接着剤が脆くなって接着強度が低下するのが

一般的である。

(7) 耐久性に不安がある

接着接合物の耐久性は決して悪いわけではなく、屋外で30年間の耐久性が要求される機器などにも多く使用されており実績も多い。しかし、新たに使用する場合、どの程度の環境にどのくらいの期間耐え、どのような状態になるのかという予測を正確に行うには、耐久性評価と寿命予測の知識が必要になる。

(8) 設計基準が明確でない

多くの検証試験なしで接着を使用したい場合には、設計基準が必要となる。しかし、接着に関しては溶接やねじ、ボルトなどのように強度面での設計基準は明確になっていない。これは、接着剤の種類が非常に多く、部品の材料も多種多様であり、標準というものがないためと思われる。しかし、設計基準なしではいつまで経っても接着は一人前の接合方法とはなり得ない。そこで本書では、筆者が策定した接着の設計基準を第5章1.4、1.5項に示した。

(9) 手離れが悪い

瞬間接着剤のように数秒で硬化する接着剤もあるが、一般の接着剤では数分から数時間というオーダーの硬化時間が必要である。硬化するまでじっと待っているのでは生産性は上がらない。接着剤の上手な使い方としては、接着剤が有する欠点は別の方法で補い、総合的に接着のメリットを活かすことが重要である。例えば、接着剤を塗布した後に接着剤の上からスポット溶接を行うウェルドボンディング、接着とブラインドリベットなどを併用するリベットボンディング、接着とかしめの併用、接着剤と両面テープの併用などが自動車や電機機器などの組立では多用されている。複合接合方法については次項で詳しく述べる。

⑽ やり直しが困難

　接着剤が硬化した後に不具合が見つかった場合に、容易に分解することは困難である。最近では、リサイクルのための分解のしやすい接着剤や、部品の加工のために仮接着して加工後に容易に取り外せる接着剤も種類が増加しているが、高強度、高耐久性の接合性能と易分解性を兼ね備えたものはまだないのが実情である。

⑾ 接着した後の検査が困難

　接着後に非破壊で接着部の健全性を検査することは事実上困難である。航空機用ハニカム部品などの特定の部品についての検査法はあるが、この方法を種々の部品に汎用的に利用する段階には至っていない。

　接着は組立後の検査ではなく、作業工程での作業管理で品質を確保するのが基本である。このような点から、抜けがないように管理項目、管理方法、管理基準を明確にして取り組むことが必要となる。

　以上に述べたように、接着剤を用いる接着接合には種々の欠点や問題点、課題がある。しかし、ねじ・ボルト、溶接、ろう付け、はんだ付けなど他の接合方法でも種々の欠点や問題点、課題を抱えている点では同じである。欠点があるから使わないではなくて、欠点をいかにカバーして利点をいかにうまく使いこなすかを考えることが大切である。

5　接着の欠点を補完する複合接着接合法

5.1　複合接着接合法の種類

　接着剤との組合せで使用される接合法としては、スポット溶接、ブラインドリベット、ねじ・ボルト、セルフピアシングリベット、メカニカルクリンチング、ヘミング曲げや各種のかしめ、焼きばめ、プラスチッ

クではスナップフィットなどが代表的である。スポット溶接と接着の併用法はウェルドボンディング、リベットと接着の併用法はリベットボンディングと呼ばれている。

スポット溶接の併用で接着剤を介して通電ができるのは、接着剤は液体であり、電極の加圧力は数百 kg あるので、電極直下の接着剤が押しのけられて金属同士が接触するためである。溶接との併用で問題となるのは、接着剤への熱の影響であり、スポット溶接のほかに熱効率の高いレーザー溶接との併用も可能である。条件によっては、アーク溶接と接着の併用も可能である。

5.2 複合接着接合の事例

(1) 自動車の車体組立における複合接着接合

図 3.9 には、種々の複合接着接合の形状を示した。(A)は、接着剤とスポット溶接を併用するウェルドボンディング、(B)は、接着剤とブラインドリベットを併用するリベットボンディング、(C)は、接着剤とメカニカルクリンチングを併用する方法、(D)は、接着剤とセルフピアスリベットを併用する方法である。

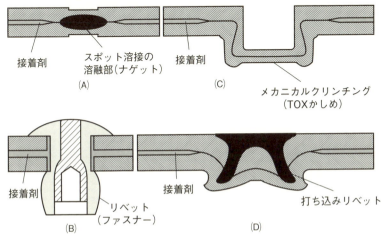

図3.9　接着と他の接合の併用接合部の種々の形状

ウェルドボンディングは、自動車の車体組立においては、ヘミング部をはじめとして鋼板同士の接合に従来から多用されている。セルフピアスリベットと接着剤の併用による車体組立も、ジャガーのアルミモノコック車体やBMWのアルミ/鋼車体などで採用されている。トヨタのレクサス・LFAでは、CFRP製部品同士の接合やCFRP製ボディとフロントのアルミ製ダッシュとの接合などに、ボルトやリベットなどの機械的接合が併用されている。ホンダの鋼/アルミハイブリッド・ドアではヘミング部に接着剤と3次元ロックシームと呼ばれる巻きかしめが併用されている。

　このように、自動車の車体組立においては種々の複合接着接合が使用されているが、一般に加熱硬化型接着剤が使用されている。しかし今後、異種材料の組合せが増加すると、線膨張係数の違いによる熱変形が大きな課題となるため、室温硬化型接着剤による複合接着接合が増加すると思われる。

(2) **室温硬化型接着剤による複合接着接合の事例**

　写真3.4[26]は高速列車の床下に吊されている列車空調装置の主枠で、

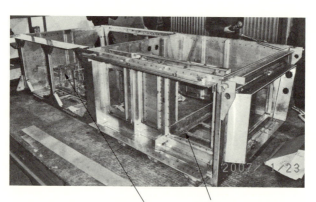

写真3.4　室温硬化ウェルドボンディングにより組み立てられた車輌空調装置の主枠

軽量化のために薄いステンレス鋼板でつくられている。強度および剛性、耐疲労性、シール性などが要求される。大きさは長さ3m、幅2m、高さ1m弱程度で、接着剤を塗布した部品を合わせた後にアーク溶接で仮止めして、スポット溶接を行うウェルドボンディング法で組み立てられている。

　接着剤には2液室温硬化型変成アクリル系接着剤（SGA）が用いられている。スポット溶接終了までの可使時間が長く、可使時間経過から初期硬化までの時間が短いもので、油面接着性など優れた作業性を有している。室温硬化のため加熱工程は不要である。もし、接着剤だけで組み立てようとすると、接着剤が硬化するまで専用の圧締治具で固定した状態で放置しておく必要が生じ、生産性はまったく上がらなくなる。接着剤を用いずに、スポット溶接だけで組み立てようとすると、薄板では疲労強度が低下するため薄板・軽量化ができないことになる。

　写真 3.5[26]は、高さ2.7m、幅2m、奥行き2m、製品重量約5tの大容量インバーター盤である。フレームの組立は溶接をまったく使わず、2液室温硬化型変成アクリル系接着剤（SGA）とブラインドリベットの併用で行われている。形鋼から薄板金に変更して、接着剤の面接合の活

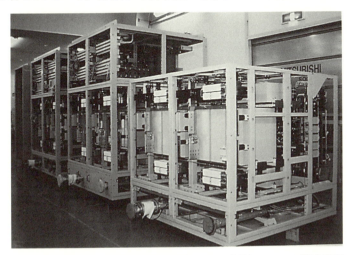

写真3.5　接着・リベット併用組立による大型フレーム構造筐体のフレーム構造[26]

用により高剛性化したことで、フレーム重量は従来品の半分以下に低減されている。また、溶接やひずみ修正などの熟練技能からの脱皮、工程短縮も図られている。

　もし、接着剤だけで組み立てようとすると、やはり接着剤が硬化するまで専用の圧締治具で固定した状態で放置しておく必要が生じ、位置合わせも複雑で、生産性はまったく上がらなくなる。接着剤を用いずに、リベットだけで組み立てようとすると、剛性が低下するため、非常に強力なリベットを多数使用しなければならなくなり、コストや重量、作業性の点で問題となる。

　リベットの下穴径の公差は小さく、多数のリベットを使用する場合は穴の位置精度が高くないと、リベット締結時にリベットが挿入できないという問題が生じる。接着剤との併用の場合は、リベットの差し込み側の穴は大きくても問題ないため、加工精度的にも楽である。

5.3　併用接合の目的と効果

⑴　接着剤の欠点の解決

　①　作業性の改善―硬化待ち時間の廃止―

　接着剤の大きな欠点は硬化に時間がかかることである。接着剤が硬化するまで治具で圧締固定しておくことは生産の阻害となる。しかし、他の接合法を併用することで、治具が不要となり、接着剤が未硬化でも次工程に移せることができるようになり、生産性が大幅に向上する。

　②　強度的信頼性の改善

　　a.　破壊に対する冗長性の拡大

　あらゆる接合方法に共通して言えることであるが、接合部の一部が破壊すると短時間で接合部全体が破壊し、部品が分離してしまうと最悪の事態を引き起こすことになりかねない。接合部が一部破壊しても、別の接合方法がバックアップとなって破壊に対する冗長性を拡大できれば、接合信頼性は各段に高くなる。複合接着接合法では２種類の接合法により、破壊に対する冗長性を拡大することができる。

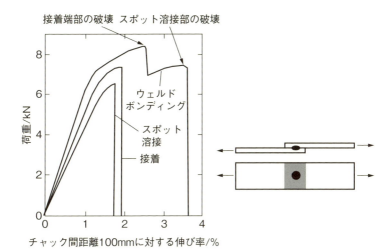

図3.10 接着とスポット溶接、ウェルドボンディング継手の引張せん断試験における荷重—ひずみ線図の比較[27]

図 3.10[27] は、幅 25mm、厚さ 1.6mm の軟鋼板同士を、重ね合わせ長さ 20mm で 2 液室温硬化型変成アクリル系接着剤（SGA）（電気化学工業製ハードロック C-370）で接着して中央部に 1 点のスポット溶接を併用したウェルドボンディング継手と、接着継手、スポット溶接継手の荷重—ひずみ線図の比較である。60℃雰囲気下で引張せん断試験を行っている。

接着、スポット溶接では 1 回の破壊で破断してしまうが、ウェルドボンディングではまずラップ端部の接着部が破壊するが、その後スポット溶接部と周囲の接着部が荷重分担をするため、もう一度荷重に耐えているのがわかる。一度の破壊によって破断してしまわないことは、破壊に対する冗長性が大きく拡大することとなり、接合部としての信頼性は大きく高まっていることを意味する。破壊に要するエネルギーは線図の面積となるので、ウェルドボンディングでは接着やスポット溶接に比べて破壊エネルギーが約 3 倍に増加していることがわかる。

図 3.3 に示したように、接着剤とセルフピアスリベットやメカニカ

ルクリンチングの併用でも、重ね合わせ部の端部の接着部 P1 が最初に破壊するが、P2 のセルフピアスリベット、メカニカルクリンチングでもう一度荷重に耐えていることが見てとれる。

b. クリープの防止

接着剤の強度的課題として、クリープ耐久性がある。一般の接着剤は有機物であるため、温度が高くなったり負荷応力が増加したりすると、クリープ変形を起こして最終的には破断に至る。金属などの他の接合法を併用することによって、クリープを低減することができる。

図 3.11[27] は、接着、リベットボンディング、ウェルドボンディングのクリープ変形率の時間経過の比較である。被着材は幅 25mm、厚さ 1.6mm の軟鋼板同士、重ね合わせ長さ 20mm、接着剤は 2 液室温硬化型変成アクリル系（SGA）（電気化学工業製ハードロック C-370）で、60℃雰囲気中で 3kN のせん断荷重を負荷している。この結果から、接着剤とリベットやスポット溶接を併用することにより、初期変形量の減少とクリープ変形が小さくなり、ウェルドボンディングではクリープはほとんど生じないことがわかる。

図 3.12[27] は、60℃ 90％RH 雰囲気中でのクリープ破断特性の比較

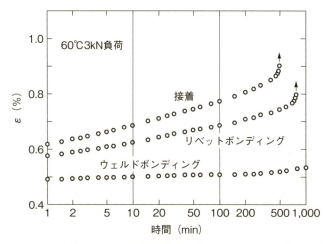

図3.11 接着、リベットボンディング、ウェルドボンディングにおけるクリープ変形量εの経時変化[27]

第３章　接着剤による接合・組立技術　　95

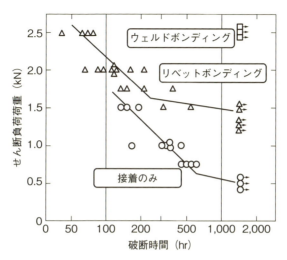

図3.12　ウェルドボンディング、リベットボンディングによるクリープ特性の改善（60℃90％RH雰囲気中）[27]

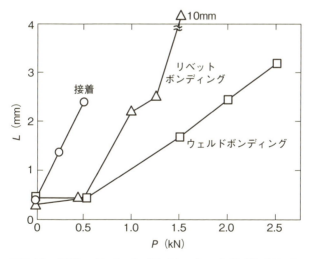

図3.13　接着、リベットボンド、ウェルドボンドにおける負荷加重Pとラップ端部での錆発生量Lの関係（60℃90％RH雰囲気中）[27]

である。リベットやスポット溶接を併用することによって、接着のクリープ破断特性が大きく改善されることがわかる。ここでもウェルドボンディングではクリープ破断は見られていない。

　図3.13[27]は、60℃90％RH雰囲気中でのクリープ負荷荷重と、60日間暴露後にラップ端部に発生した赤錆の発生長さの比較である。リベットやスポット溶接を併用することで、リベットやスポット溶接が荷重を分担して接着端部の応力が低減するため、接着部の水分劣化が少なくなることがわかる。

　クリープで忘れてはいけないのは、接合面がピタリと合わない場合に、治具で押さえつけて接着する場合のことである。接着剤が硬化した後で治具を外すと、接着部には治具の加圧力に相当する部品のスプリングバック力が加わることとなる。複合接着接合ではスプリングバック力は働かない。

　c. 高温での接着強度の低下の防止

　接着剤は、一般に高温では柔らかくなってせん断強さや引張強さが低下する。温度依存性がほとんどない金属などの他の接合法を併用することにより、高温における接着部での破壊強度を上昇させることができる。

　図3.14[27]は、接着継手とウェルドボンディング継手のせん断強さの温度依存性を比較したものである。被着材は幅25mm、厚さ1.6mmの軟鋼板同士、重ね合わせ長さ25mm、接着剤は2液室温硬化型変成アクリル系（SGA）（電気化学工業製ハードロック C-370）、スポット溶接はラップ部の中央に1点とした。

　ウェルドボンディングでは、高温での接着部の破壊強度（第1破断点強度：図3.10の第1ピーク強度）が高くなっていることがわかる。例えば120℃での接着部端部の破壊強度は、接着のみでは1.5kNであるが、ウェルドボンディングでは7kNと約4.5倍に向上している。これは、温度が高くなって接着剤が柔らかくなると、スポット溶接部での荷重分担率が高くなるためである。

　自動車用接着剤では特に低温における耐衝撃性が要求されるため、

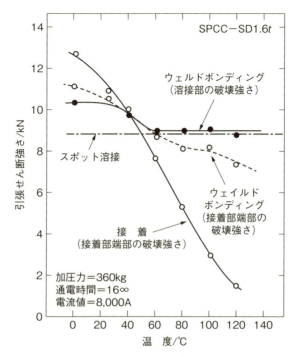

図3.14 接着とウェルドボンディング継手の引張せん断試験における温度依存性の比較[27]

接着剤は柔軟でガラス転移温度が低いものが有利である。一方、高温での強度も必要なため、ガラス転移温度が高く高温でもある程度の硬さが必要となる。これらの相反する要求を接着剤だけで満足するには課題も多いが、高温でも強度が低下しない複合接着接合法を採用することにより、両者の要求を満足させることができる。

d. 疲労特性の向上

図3.15[28]、**図3.16**[27]は、接着、スポット溶接、ウェルドボンディングの疲労特性の比較である。図3.15は、柔軟なウレタン系接着剤であるため、接着の疲労特性はスポット溶接より劣っているが、ウェルドボンディングではいずれよりも高い疲労特性を示している。図3.16は、2液室温硬化型変成アクリル系接着剤（SGA）（電気化学工業製ハードロック）で、接着の疲労特性はスポット溶接より優れてい

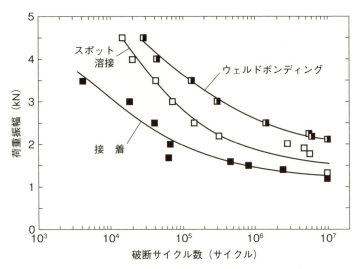

図3.15 接着、スポット溶接、ウェルドボンディングの疲労特性の比較（ウレタン系接着剤、ステンレス鋼板）[28]

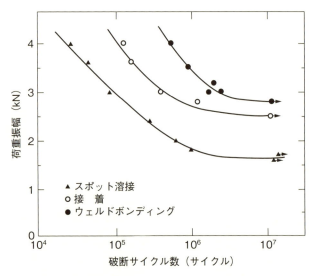

図3.16 疲労特性の比較（アクリル系接着剤）[27]

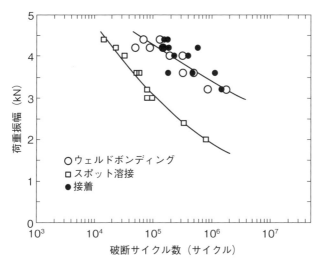

図3.17　疲労特性の比較（1液加熱硬化型エポキシ系接着剤）[29]

るが、ウェルドボンディングではいずれよりも高い疲労特性を示している。このように、併用によって、点接合や柔らかい接着剤での疲労特性の不足を改善することができる。

図3.17[29]は、ガラス転移温度が高い1液加熱硬化型エポキシ系接着剤を用いた場合であるが、接着剤が硬い場合には一般に、併用接合でも接着のみでの疲労特性以上にはならないことが多い。図3.18[21]には、硬い1液加熱硬化型エポキシ系接着剤（サンスター技研製 E-6208）とスポット溶接、セルフピアスリベット、メカニカルクリンチングを併用したアルミニウム継手の疲労特性を示したが、いずれの併用接合でも接着のみでの疲労特性以上にはなっていないことがわかる。

e. 剥離開始点の保護

図3.19[27]は、接着、スポット溶接、ウェルドボンディングのT形剥離強度の板厚依存性を比較したものである。被着材は軟鋼板同士で、幅は25mm、接着剤は2液室温硬化型変成アクリル系（SGA）（電気化学工業製ハードロック C-370）、スポット溶接は折り曲げ部から5mmのところに1点行った。この結果より、板厚が厚ければ接着よりスポット溶接の方が高強度であり、接着の剥離強度の低さをスポッ

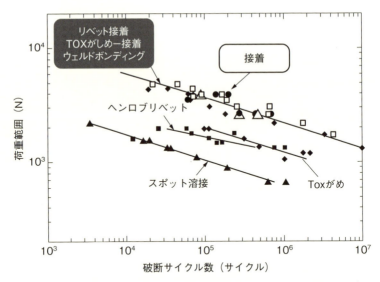

図3.18 疲労特性の比較（1液加熱硬化型エポキシ系接着剤）[21]

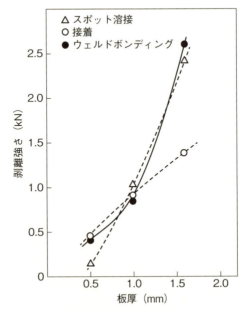

図3.19 ウェルドボンディング、接着、スポット溶接における板厚とT形剥離強さの関係[27]

ト溶接により補強できることがわかる。

　f. 耐衝撃性の向上

　図3.20[27]は、エポキシ系接着剤のウェルドボンディングによる耐衝撃性の変化を示したものである。接着剤の耐衝撃性はスポット溶接より劣っているが、ウェルドボンディングにより接着の耐衝撃強度がカバーされていることがわかる。

③　その他

　a. 導電性の確保

　一般の接着剤は絶縁物であるため、接合した部品に電着塗装やアース、電磁シールド性などが必要な場合、何らかの方法で部品間の導通をとらなければならない。スポット溶接や金属による接合を併用すれば、部品間に導通が得られるので、上記の課題は解決できる。なお、電磁シールド性に関しては接着部の糊しろ寸法や曲げ構造、金属の点接合のピッチによって広範囲の周波数に対して対応可能である。

　b. 火災時の形状保持

　一般の接着剤は有機物であるため、接着接合された機器が火災に遭うと、接着剤は燃焼してしまい接合機能がなくなる。車両火災についても同様である。接合機能がなくなって、部品がバラバラになることは大きな問題となりかねない。金属による接合方法を併用しておけば、接着剤が燃焼して強度が低下しても最低限の形状を維持すること

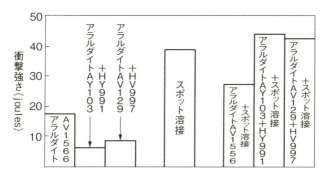

図3.20　耐衝撃性の比較（エポキシ系接着剤）[27]

ができ、2次災害の発生を食い止めることができる。

(2) 他の接合法の課題解決

① 薄板での点接合の強度の改善

スポット溶接やリベットなどの点接合では、薄板になると応力集中が大きくなるため、静的強度や疲労強度が大きく低下する。点接合と接着剤を併用することにより、上記の課題を解決することができる。

図3.19の結果より、板厚が厚ければ接着よりスポット溶接の方が高強度であるが、板厚1mm以下ではスポット溶接は接着より低強度となっている。ウェルドボンディングでは、板厚にかかわらず、いずれか高い方の強度を示している。

軽量化に伴って板厚が低減すると、スポット溶接やリベットなどの点接合では引張強さが大きく低下することとなるが、接着剤の併用により強度低下を改善できる。

② シール性の確保

点接合だけではシール性がないため、シール剤などでのシール作業が必要となる。接着剤と点接合の併用では、接着剤がシール剤の役割も果たすため、別工程でのシール剤の塗布作業は不要となる。なお、接合部の周囲に後から塗布されたシール剤に比べて、接合部にはさみ込まれた状態の接着剤は、剥れや劣化に強いためシールの信頼性が向上する。

(3) 両者の相乗効果の活用

上記(1)および(2)のデータに見られるように、複合接着接合ではそれぞれの接合法の課題を相互に補うだけでなく、組合せの条件を最適化することにより、それぞれ単独での特性以上の性能を得ることができる。

5.4 ウェルドボンディングのポイント

(1) スポット溶接の原理と最適条件

スポット溶接は抵抗溶接の一種で、電極で加圧してはさみ込んだ2枚

や3枚の金属板に電流を流し、金属板の固有抵抗によるジュール発熱によって金属を溶融して接合する方法である。鋼材など固有抵抗が大きい金属ほど発熱量が大きく、溶接は容易である。固有抵抗が小さいアルミのスポット溶接では大きな電流値が必要で、溶接機も大がかりになる。亜鉛めっき鋼板のスポット溶接では、亜鉛は柔らかく板のなじみが良いことと、低温で溶融して通電面積が広がり電流密度が下がるので、めっきのない鋼板より電流値を大きくする必要がある。

　溶接部の性能に影響する主要因子は、電極加圧力、電流値、通電時間、電極形状である。電極加圧力が低かったり、電流値が大きすぎたり、通電時間が長すぎたりすると溶融部（ナゲット）から火花（中チリ）が発生することとなる。中チリを出さないように条件を設定することが重要である。部品を合わせたときにピタリと合わない場合は、電極加圧力で部品を押しつけることになるので、実質の加圧力が低下して中チリが発生しやすくなる。

(2) ウェルドボンディングにおける溶接条件

① 中チリの抑制

　ウェルドボンディングでは、金属板の間に接着剤がはさまった状態で溶接される。接着剤は液状やペースト状の液体であるため、電極の加圧力によって電極直下の接着剤が押し出され、メタルタッチすることによって通電が可能となる。

　スポット溶接時に中チリが生じると、中チリによって接着剤が飛散して接着欠陥が生じる。接着欠陥部が生じると、接着強度の低下や接着部への水分の浸入による劣化が生じやすくなる。電流値を下げる、加圧力を高くする、通電時間を短くするなどで中チリを発生させない条件に設定する必要がある。

② 接着剤中の充填剤の影響

　図3.21[27]は、2液室温硬化型変成アクリル系接着剤（SGA）（電気化学工業製ハードロックC-370）を用いた1.6mm厚さの軟鋼板同士のウェルドボンディングにおける溶接電流値と生成ナゲット径および接合状態

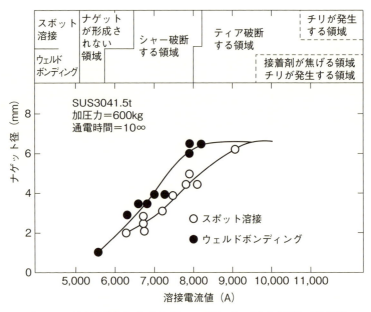

図3.21　溶接電流と生成ナゲット径および接合状態の関係[27]

の関係である。ウェルドボンディングにおいては、中チリが発生し始める電流値がスポット溶接単独の場合より低くなっていることがわかる。また、一定サイズのナゲットが形成する電流値もウェルドボンディングでは低下している。

表3.5[27]は、5種類の接着剤を用いて1.6mm厚さの軟鋼板同士をウェルドボンディングして、接着剤を硬化させずに溶接部の強度を測定した結果である。この結果から、金属充填剤を含む接着剤ではスポット溶接単独の場合より強度が低下し、充填剤を含まない接着剤では強度が上昇していることがわかる。図3.22[27]は、エポキシ樹脂に金属アルミニウム粉末を添加した場合の、添加量と溶接部の強度、ナゲット径の関係である。アルミニウムの添加量が多いほど、ナゲット径は小さくなり、溶接強度は低下している。

このように、充填剤の有無や量によって溶接特性が変化するのは、電流値が同じでも通電面積の変化により電流密度が変化して、発熱量が変

表3.5 各種接着剤のウェルドボンディングにおける溶接部の強度比較[27]

接着剤	第2破断点強度	充填材
変性アクリル系	637±25	なし
2液エポキシ	609±15	なし
2液エポキシ	240±20	Fe
1液エポキシ	282±25	AL
1液エポキシ	463±20	AL
スポット溶接のみ	543±20	—

（電極径5mm、加圧力＝360kg、通電時間＝16サイクル、電流値＝6,000A）

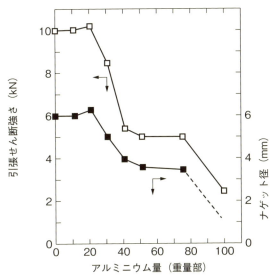

図3.22 アルミニウム粉末含有量と溶接部の強度および生成ナゲット径の関係[27]

化するためと考えられる。これは、図3.23[27]に示すように、充填剤を含まない接着剤や熱で溶融しない充填剤を含む接着剤では、通電路が狭くなるため電流密度が高くなり、アルミ粉などの金属充填剤を含む接着剤では、熱で溶融した充填剤が広がるため電流密度が低くなるためと考えられる。充填剤の種類や量に合わせて電流値や電極加圧力、通電時間を最適化する必要がある。

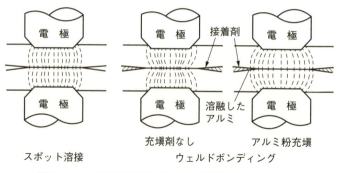

図3.23　金属粉末の有無による通電面積の比較[27]

③　必要ナゲット径

スポット溶接だけで接合する場合の生成ナゲット径は、鋼板においては一般に4～5ルートt（t：板厚）以上であることが必要である。ウェルドボンディングにおいても、この基準に準拠するのがよいが、スポット溶接を、接着剤硬化までの仮固定だけの目的で使用する場合には、ナゲット径は必要最小限に留めればよい。ナゲット径の減少により、電極部でのインデンテーション（くぼみ）やシートセパレーション（板の浮き上がり）も低減できる。

④　フィルム状接着剤のウェルドボンディング

電極加圧力だけで接着剤が流動しないフィルム状接着剤や、プレコートして乾燥皮膜になったホットメルト接着剤などでは、接着剤が流動排除されないために通電ができない。このような場合には、**図3.24**[30]のように、分流板を用いて予備通電で金属を発熱させて接着剤を溶融させた後に通電することで溶接可能となる。

5.5　プロジェクション溶接との併用

一方の金属部品に突起（プロジェクション）を形成してスポット溶接する方法がプロジェクション溶接である。電流が突起部分に集中するため小さな電流でも電流密度を高くすることができ、薄板での溶接ひずみを少なくできる。また、溶接する母材の板厚が異なる場合でも、確実な

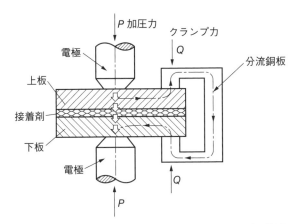

図3.24 フィルム状接着剤の分流板による加熱溶融ウェルドボンディング[30]

ナゲットが形成できるなどの特徴がある。電流密度が高くナゲット周囲への熱影響が少ないことから、接着剤を併用した場合に、接着剤への熱影響を少なくすることができる。

通常のスポット溶接では、電極の加圧力で流動排除されない接着剤では通電ができないが、プロジェクション（突起）によって、フィルム状やプレコートして乾燥皮膜となっている接着剤（ホットメルト接着剤など）を突き破り、メタルタッチができれば溶接可能である。

ただし、通常のスポット溶接では通電前の電極加圧の段階で接着剤が押しのけられるが、プロジェクション溶接では通電後に突起が溶融してつぶれる際に接着剤が押しのけられるため、接着剤の流動特性が溶接の出来映えに影響する。流動性が悪い接着剤ではきれいな溶接ができず、チリが発生することとなる。

第4章

自動車の材料多様化に対応する接着技術の課題

　自動車のマルチマテリアル化が進むと、異種材料の接合は必ず生じる。これまで車体組立では補助的にしか使われてこなかった接着接合が、異種材接合では重要な接合方法の1つになることは間違いなく、避けて通ることができない技術である。しかし、現時点の接着技術では、構造部材の接合を接着だけで行うことは容易ではない。構造部材の接合に接着が実用化されるまでには、今後解決しなければならない多くの課題がある。本章では、車体組立用接着剤に必要な性能と接着剤の現状、車体組立における接着接合活用の方向性について述べる。

1　接着接合に何を期待するか

　自動車の車体組立において、接着接合に期待することとして、次のような事柄が考えられる。

(1) **高強度接合**
　異種材料のみならず、同種材料の接合においても、構造強度を確保する高い接合強度を期待するもの。

(2) 応力集中の回避

軽量化のために部材の厚さが薄くなると、点や線での接合では接合部における応力集中が大きくなり、低強度で破壊することとなる。この対策として面接合である接着接合を活用し、複合接着接合により点や線での接合部の応力集中の回避を期待する。

また、接着剤のみでの接合への移行も考えられる。この場合は、接着部に構造強度が求められ、上記(1)と同じである。

(3) 剛性向上

部材自体の強度が高くなれば薄板化が可能になるが、薄板化すると剛性は低下する。接着接合の面接合を活用して、剛性の低下の防止を期待するものである。

(4) 振動防止

薄板化すると、剛性の低下とともに部品が共振しやすくなる。接着剤の粘弾性特性に注目して、振動吸収を期待する。

(5) 溶接性の低下対策

高張力鋼板の強度が高くなると、溶接がしにくくなってくる。また、めっき鋼板の後処理によっては溶接性が低下することもある。そこで、溶接性の低下分を接着剤の強度で補うことを期待する。この場合は、複合接着接合と接着剤単独接合が考えられる。

(6) シール

異種材料接合では電食が問題となる。電食を防止するためには、接合部への水分の浸入を防止する必要がある。接着剤をはさむことで水分の浸入を防止し、電食防止を期待する。

上記のような目的の違いによって、接着剤や接合部への要求条件は異なってくる。接着接合の適用を考える場合は、まず適用の目的を明確に

して取り組むことが重要である。

2 組立用接着剤に必要な性能と接着剤の現状

2.1 車体組立用接着剤に必要な性能

車体組立用接着剤には次のような性能が求められる。ただし前節で述べたように、接着の適用目的ごとに必要な性能は異なるため、下記のすべての性能が必要ということではない。

(1) 作業性
　① 取扱いの容易さ（温度・湿度への鈍感さ）

現在の車体組立工程で使用されている接着剤のほとんどは、1液加熱硬化型である。今後、マルチマテリアル化に伴う異種材料接着においては、熱変形や熱応力の回避は必須条件であり、室温硬化型の2液型接着剤に移行するのは必至である。しかし、2液型接着剤に対しては、拒絶反応が非常に強いというのが実際のところである。確かに、現在の2液型接着剤は、使い勝手が悪い点も多々あるが、欠点は解消していけばよいわけで、これまで使用経験のない革新的構造材料を用いた革新的車体開発の中で、経験のない2液型接着剤を避けようとする姿勢は理解しがたいところである。

2液型接着剤でも、計量・混合操作や作業環境（温度・湿度）への鈍感さなど、これまでの2液型接着剤にはない取扱いの容易さが要求される。

接着剤が使用される工場内の温湿度は、国や地域、季節、空調の有無などにより大きく異なる。欧州で使用されているウレタン系接着剤を、空調のない日本や中国や東南アジアなどの現場で使おうとしても、高湿度期には発泡して使えないという問題が生じることがある。東南アジア

のように年間を通じて温度が高い国では問題にならないが、冬期低温になる場合には、接着剤の粘度が高くなりすぎて、計量・混合・塗布に支障を来すことがある。

筆者が大手電機メーカーにいたときのことであるが、日本で製造していた機種を海外で生産することとなり、接着剤もそのまま移管しようとしたが、移管先地域の温湿度環境にことごとく合わず、その都度、改良が必要になったことがある。接着剤の使いやすさを求める場合は、使用する地域や環境を十分に考慮すべきである。

② 塗布しやすくたれのない粘度

接着剤の塗布面は水平面とは限らない。縦面に塗布されることも多いので、垂直面でたれがないことは重要である。夏期高温時には接着剤の粘度が低下するため、作業環境温度の上限温度でも垂れないことが必要である。

③ 隙間充填性

板金のプレス部品や樹脂の成形部品では、接合面に隙間ができることも多く、この隙間を埋めることが必要である。

④ 塗布装置の簡便さ（繰り返し吐出性、洗浄性）

2液室温硬化型接着剤では、塗布装置内で2液の計量・混合・吐出を行う。接着剤を塗布後、そのまま放置すると、塗布装置内に残留した混合された接着剤が硬化して吐出できなくなる。装置内での硬化に対する対策が重要である。

⑤ 油面接着性

板金部品では、油が付着していることは一般的なことである。プラスチック部品や複合材料においても、成形時に離型剤などが表面に付着しているのは一般的である。接着の基本では、表面に付着している油分は脱脂により除去することになるが、自動車の組立工程で脱脂作業を行うことは現実的ではない。接着剤自体が油面接着性を有していることが必要である。

⑥ 短時間硬化性

生産性の点からは室温で短時間で硬化する接着剤が望ましい。しか

し、2液型接着剤で硬化時間が速すぎると、大物部品では接着剤を塗布して貼り合わせが終了するまでに硬化が進んで接着性能が低下したり、塗布装置内で硬化したりするなどの問題が生じる。特に、気温が高い夏場は問題である。

そこで、十分な作業時間が取れる必要最小限の短時間硬化性に調整して、第3章第5節で述べたような複合接着接合法を活用し、接着剤硬化の待ち時間をなくすことを考える必要がある。あるいは、接着剤を塗布しない部品の接着部を予熱し、貼り合わせ後に予熱で硬化速度を上げるなどの硬化方法を考える必要がある。貼り合わせた部品を後から加熱する方法は、接着部まで熱が伝わるのに時間がかかるため、効率的加熱方法とは言いがたい。

⑦　ウェルドボンディング適性

部品の組合せごとに何種類もの接着剤を使い分けることは考えにくい。異種材接着部にも鋼板同士でスポット溶接される部分にも共通して使用できるためには、ウェルドボンディングが可能なことが必要である。接着剤がゲル化や硬化するとスポット溶接ができなくなるため、スポット溶接が終了するまで流動性が確保できる硬化速度に調整する必要がある。

(2)　樹脂の特性

①　低内部応力

2液室温硬化型接着剤では、硬化時に高温に加熱することはないため、部品の線膨張係数差によって硬化後にひずみや変形が残ることは少ない。しかし、接着剤は室温で硬化しても硬化収縮を起こすため、硬化収縮率が大きく、硬化後の硬さが硬い場合にはひずみや変形が生じることとなる。硬化後の硬さを柔らかくしすぎると、接着強度が低下してしまう。硬化収縮率をできるだけ小さくしたり、応力緩和しやすい分子構造にするのが好ましい。

②　耐塗装性

量産車において、複合材料部品がどのようなプロセスで塗装されるか

はよく見えないところがあるが、金属部品の接合体にも複合材料と同種の接着剤が使用されることを考えると、現在の金属製車体の塗装工程での耐薬品性、耐シャワー性、電着塗装適性、焼付け耐熱性、塗料密着性などをクリアしておくことは必要であろう。

③　絶縁性

鋼とアルミ、アルミとCFRTの組合せでは電位が異なるため、接触して水分があると電食を起こすことになる。有機系の接着剤は絶縁物であり、接着部で絶縁されて電食を防止できると考えられるが、貼り合わせ時に強く圧縮すると材料同士が接触することとなる。そこで、接着剤中にスペーサーをあらかじめ添加し、圧縮してもある程度の接着層厚さが確保できることが必要である。

④　シール性

接着剤が水分を多量に吸い込んでしまうと、電食防止や接着強度の耐水性が確保できない。吸水性が低いことが必要である。

⑤　難燃性

内装材料では難燃性が要求されるが、車体組立用接着剤への難燃性の要求は今のところないようである。車体用材料として複合材料が多用されるようになると、複合材料には難燃性が要求されるようになることも考えられる。接着剤にも難燃性が要求される可能性は考慮しておくべきであろう。

(3)　接合特性

①　各種材料への接着性

接着剤は種々の材料を接合できるという大きな特徴を持っているが、どんな材料にでも使える万能接着剤というものはない。被着材料の種類や表面状態により、接着性の良否は大きく変化する。例えば、マトリックス材料がポリオレフィン系の複合材料は、基本的に一般の接着剤では接着できない。

組成を最適化することで表面処理なしでも接着できる接着剤も開発されているが、特殊な組成の接着剤は価格面や他の材料への接着性の点な

どで最適とは限らない場合も多い。接着の対象となる部品であるにもかかわらず、表面の接着性が低いということは、接着の対象部品としての性能を満足しているとは言えず、部品側でも接着性向上のための各種の開発が進むであろう。また、素材の表面がそのまま接着面になるとは限らず、例えば塗装やめっきがなされた表面が接着される場合も考えられる。

　これらのことを考えると、接着剤の組成面でさまざまな素材への密着性向上を図ることには限界があり、表面改質やプライマーなどで部品の表面の密着性向上を図ることが重要と考えられる。接着剤は、構造体として要求される物性のつくり込みに注力することが大切である。

　②　耐衝撃性

　自動車においては、衝突時の耐衝撃性に優れていることが必要である。接着剤の耐衝撃性は低温時に低下するため、低温において強靱な物性を発揮する樹脂設計が重要である。

　③　高温強度

　衝撃強度は低温で接着剤が硬くなると低下するが、せん断強さや引張強さは、接着部の温度が高いほど接着剤が柔らかくなり低下する。高温におけるせん断や引張強さを高くするには、接着剤の弾性率とガラス転移温度（Tg）を高くすればよいが、硬化物が硬くなるため、低温における剥離強さや衝撃強さは逆に低下してしまう。

　両方の特性を満足できる樹脂設計が必要となるが、このような樹脂設計は容易ではない。第3章第5節で述べたような複合接着接合法を活用することで、高温での接合強度を向上させることが可能になり、接着剤だけにこだわらず接合体としての特性で考える設計が重要である。

　④　振動吸収性

　接着剤層に応力伝達機能を要求する場合は、接着剤はできるだけ硬い方が良いが、接着剤が硬いと振動の伝達性も良くなり、振動や防音の点では好ましくない。接着剤に適度な柔軟性を付与することで、接着層に振動吸収性を持たせることができ、振動や音の伝達を低減させることができる。

エラストマー変成によって $tan\delta$ の値を高くすることは、振動吸収性の点から重要である。高張力鋼板の強度向上が進めば、板厚は薄くなっていくため、振動は起こりやすくなる。薄板の溶接における応力集中による接合強度の低下を防止する点からも、接着は有効である。

⑤　信頼性

信頼性というのは耐久性のことではなく、接着強度のばらつきのことである。いくら平均強度が高くても、強度のばらつきが大きくては設計許容強度は大きく低下し、設計ができなくなってしまう。また、品質管理においても、工程能力指数 $Cp, lower$ を 1.33～1.67（4σ～5σ）で管理しようとしても、下側規格値を相当低強度に設定しなければならず、管理の意味自体がなくなってしまう。

作業工程における作業条件の変動範囲において、接着剤の中で破壊する凝集破壊率が、安定して接着面積の 40 ％以上を確保でき、接着強度の変動係数 CV（$=\sigma/\mu$）は最悪でも 0.10 が確保されていることが必要条件である。工程能力指数 $Cp, lower$ を 1.67（5σ）で管理して、接着強度の下側規格値を平均強度の 70 ％に設定しようとすれば、接着強度の変動係数 CV は 0.06 以下でなければならない。接着剤の開発においては、常に凝集破壊率と接着強度の変動係数に注意を払うことが重要である。詳細は次章で述べる。

⑥　耐久性

自動車の車体の接着部に要求される耐久性としては、水分や塩水に対する耐水性、線膨張係数が異なる異種材料接合における耐ヒートサイクル性、振動に対する繰返し疲労特性、耐クリープ性などが重要である。

接着部の糊代寸法と水や塩水での劣化速度には相関関係がある。耐水劣化性や耐塩水劣化性は、何年後に強度低下が何％以内という要求条件に合わせ、設計により耐久性をつくり込むことができる。詳細は次章で述べるが、接着剤使用量の削減や素材の軽量化の点だけから糊代をむやみに小さくし、接着剤の改良での耐久性向上に時間を費やすことは無駄である。

接着部では、思いもよらない箇所にクリープ力が作用していることが

多い。接着剤の硬化収縮応力や加熱硬化後の冷却による熱応力、隙間の大きい部品を押さえつけて接着したときのスプリングバック力などもクリープ力となる。接着剤に応力緩和性を付与することで内部応力を低減できるが、応力緩和性が高い接着剤は外力でのクリープ力に弱くなり、その兼ね合いが大切である。クリープ力と水分が同時に加わると、クリープ破断時間は非常に短くなるため要注意である。

(3) その他
① 保存安定性
接着剤の生産国と使用国が同じであれば、長期間保管されることは少ないので問題はないが、生産国と使用国が異なる場合は海外輸送に時間がかかったり、輸送中に高温に曝されたりすることがある。後者の場合にはあらかじめ輸送条件を把握し、それに耐え得る保存安定性を確保する必要がある。
② グローバル調達のしやすさ
製造工場のグローバル化により、接着剤を現地で入手しやすいことも大きな条件となる。
③ 法規制対応
RoHS、REACH などの法規制に関しても事前にチェックしておくことが大切である。接着剤の輸入に関しては、国ごとに種々の制限がある場合も多く、事前に十分な調査を行うことが必要である。
④ 硬化後の臭気
接着剤の硬化後に、車室内で接着剤の臭気を感じるほどの未硬化物が残っていてはならない。室温で硬化した後、温度が上昇すると臭気が発生する場合もあり、注意が必要である。
⑤ 作業者へのやさしさ
皮膚かぶれ、吸引安全性、皮膚付着物の洗いやすさなどに注意が必要である。エポキシ系接着剤は硬化剤の種類によってはかぶれやすいことがあり、ウレタン系接着剤は手に付着して硬化すると石けんで洗っても簡単に落ちないなどの問題もある。

⑥　廃棄のしやすさ

接着剤の空容器や期限切れ接着剤の破棄のしやすさも、実は大切な視点である。

2.2　接着剤の現状

上記の要求条件をすべて満足する接着剤は、現状では皆無である。接着剤はすでに車体組立に採用されているが、接着剤だけで組み立てられているものはほとんどなく、他の接合方法の併用や構造設計により接着剤の欠点を補っている。

車体組立用接着剤のベース樹脂としては、エポキシ、ウレタン、アクリルが有力と考えられ、多くの接着剤メーカーで改良開発が進められているが、前項で述べた諸特性はトレードオフの関係にあるものが多く、ブレークスルーには新たな発想が必要と思われる。

3　車体組立における接着接合活用の方向性

3.1　基本的考え方

図4.1に、マルチマテリアル化における接着の方向性を示した。

1台の車体組立に、多種多様な被着材料ごとに接着剤を開発、使用することは、接着剤の多品種少量化を招くこととなる。このことは、接着剤のユーザーおよびメーカーともに好ましいことではない。また、次々と開発される被着材料や表面状態に対応した接着剤を開発することは、後追い的な開発となり時間的にも不利である。

そこで、接着剤と被着材との界面での密着性については、被着材料の表面を接着性に優れた状態に改質できる統一的な方法を開発し、接着剤は界面密着性にとらわれず、自動車用接合材として必要なバルク特性を

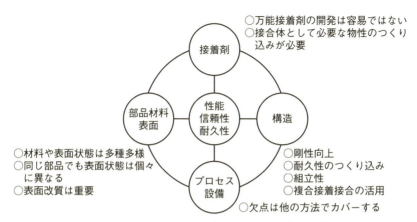

図4.1 マルチマテリアル化における接着の方向性

満足させる開発に注力するのが得策である。また、接着剤のバルク特性の不足分の補足や作業性、接合信頼性の向上のために、複合接着接合法の活用や接合構造の検討を行うのが最適と考える。

3.2 接着剤のバルク特性のつくり込み

(1) 強靭性

前節で述べたように、自動車の車体組立に使用する接着剤にはさまざまな特性が要求される。中でも、低温における耐衝撃性と高温における接着強度を両立することが重要である。しかしこの2つの特性は、接着剤の物性面では相反する。高温での接着強度は、第3章第5節の複合接着接合法で述べたように、複合接着接合法により対応できる。しかし、低温での耐衝撃性に関しては接着剤の物性に依存するため、接着剤の性能を向上させる必要がある。

低温における衝撃特性においては、**図4.2**(A)に示すように衝撃初期の衝撃吸収ピーク値が高すぎると、乗員が受ける衝撃も大きくなる。したがって、接着剤の弾性率が高すぎることは適当ではない。図4.2(B)のように、部品が変形しながら衝撃エネルギーを長時間にわたって吸収するためには、接着剤には部品の変形に追従できる伸びを有していることが

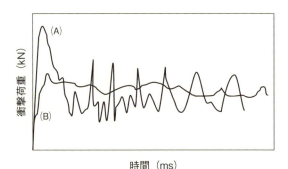

図4.2 衝撃力の吸収パターン

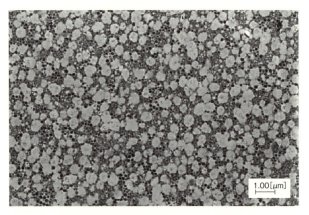

写真4.1 2液室温硬化型変性アクリル系接着剤（SGA）における海島構造の例（白い島がアクリル、黒い海がエラストマー）

写真提供：電気化学工業㈱

必要である。

　接着剤は粘弾性体であるため、高速で荷重が負荷されると、粘性的性質が小さくなり、弾性的性質が大きく現れる。そこで、接着剤の速度依存性を考慮した物性の最適化が必要である。低温と高温に2つの $tan\delta$ ピークを有する2成分系や、**写真4.1**は2液室温硬化型変成アクリル系接着剤（SGA）の硬化物の微視的構造であるが、硬い樹脂と柔らかいエラストマーが海島構造となるような硬化物構造となっている。このような構造にすることで、低温耐衝撃性を向上させることが考えられる。

(2) 室温硬化性

　線膨張係数が異なる異種材接合において、加熱硬化することは部品に
ひずみや変形を発生させることとなる。熱ひずみや変形をなくするために
は、接着剤をかなり柔らかくすればよいが、柔らかすぎると接着強度は
低下する。また、これまで使用されていない新たな素材が開発・使用さ
れるであろうが、すべての素材が接着の加熱硬化温度に耐えるかどうか
という問題もある。このような点を踏まえ、加熱硬化型接着剤から、こ
れまで自動車の車体組立ではほとんど使用されてこなかった室温硬化型
接着剤へ移行するものと思われる。

　室温で硬化する接着剤には、空気中の水分と反応して硬化する1液型
のウレタン系やシリコーン系などの接着剤や、酸素の遮断と活性金属と
の接触によって硬化する嫌気性接着剤、2液の混合による重合反応に
よって硬化するエポキシ系、ウレタン系、アクリル系、シリコーン系な
どの接着剤がある。1液湿気硬化型接着剤は、金属や複合材料のように
水分を通さない材料の接着には不適である。嫌気性接着剤は、接着層の
厚さが厚くなると硬化しにくくなるため、自動車部品の接着には不適で
ある。

　そうなると、2液タイプの接着剤ということになるが、室温での重合
反応は加熱に比べて緩やかで、反応が進むにつれて分子の運動は緩慢と
なるため、反応率を100％まで持って行くことは困難である。室温での
緩慢な反応でも、高い反応率で硬化できる硬化系の開発が必要であろう。

3.3　表面の改質

　接着の対象となる材料は、その表面が接着性に優れていることが理想
である。しかし、実際には接着性に劣るものも多い。難接着性材料は、
表面を改質することで、表面の接着性の向上を図る必要がある。3.1 項
の基本的考え方で述べたように、難接着性材料に適した接着剤を開発す
るより、素材自体の表面を接着しやすくする方が実際的と考えられる。

　また、同じ部品と言えども個々の部品の表面は同じ状態ではなく、1

個ごとに表面の状態は異なっている。このようにばらつきがある表面の状態を一定の状態にする表面改質は、接着の信頼性確保のための基本であると言える。

表面改質法としては、プラズマ照射（大気圧、低圧）、短波長紫外線照射（低圧水銀ランプ、エキシマランプ）、火炎処理、レーザー照射など種々の方法がある。樹脂や金属の表面にアンカー効果を持たせるために微細な凹凸を形成させるめっきやエッチング、レーザーアブレージョンなども開発されている。機器による表面改質以外にも、プライマーやコーティング剤による表面の接着性を向上させる方法もある。シート状の段階で、接着性に優れたフィルムをラミネートして成形することも考えられる。

機器を用いる改質方法は、エネルギー照射面積が小さいため大型部品では時間がかかったり、部品の形状によってはエネルギー照射源から部品表面までの距離を長く取る必要があり、改質効果が得られなかったりすることも多い。大面積や複雑形状の表面を短時間で改質できる装置の開発が必要である。

部品の表面の接着性向上は、接着だけでなく、塗装にも重要である。部品の接着や塗装は、部品組立段階で行われることもあるし、全体組立の中で行われる場合もあり、それぞれの工程に適した表面改質の方式は異なるであろう。部品メーカーで行うのであれば、部品の材質や形状に特化した表面改質方法が採用できる。しかし、車体組立工程で表面改質を行う場合は、被着材料の種類や部品の形状ごとに改質方法が異なることは設備面で不利であるため、広範な材料や部品に共通して使用できる改質方法、改質装置の検討・開発が必要となる。

エネルギー照射による表面改質では、作業環境の湿度が低い場合には、十分な改質効果が得られないことがある。作業環境の管理が必要である。また表面改質を行った表面は、処理後の放置環境や放置時間によって接着性が低下していくため、処理から接着までの時間管理は品質維持の上できわめて重要である。樹脂に比べて金属部品では表面張力の低下が短時間で起こる。この点から接着される部品については、従来の

部品製造段階と車体組立工程の関係の見直しが必要となろう。

表面の接着性が、要求されるレベルまで改質されているかどうかを、接着作業の直前の段階で判定する方法も重要である。一般には、午前・午後の始業時や部品ロットが変わったときに、濡れ指数標準液を用いて表面張力を評価する方法がとられている。液を用いることは、部品の接着面を汚すことにもなり、非接触で判定ができる方法の開発が待たれる。

いずれにしても表面改質を行うわけであり、素材の表面は難接着性であってもよいという考えは避けるべきであろう。革新的な構造材料を適用しようとしている以上、接着の対象となる素材の開発スペックに、密着性に優れる点が含まれていることは大前提と筆者は考える。

3.4 表層破壊の回避

素材の表面と接着剤が強力に接着するようになり、素材自体の表面付近の強度より密着力が高くなれば、素材の表面層が接着剤に付着した状態で破壊する表層破壊が発生する。**写真4.2**は、プラズマ処理したガラス繊維強化ポリエステル樹脂を2液室温硬化型変成アクリル系接着剤（SGA）（ハードロックNS700M-20：電気化学工業㈱製）で接着したものの、引張せん断試験における表層破壊の例である。表面近傍が接着剤

写真4.2 接着部での表層破壊の例
(GFポリエステル同士、プラズマ処理あり、接着剤：ハードロックNS-700M-20)

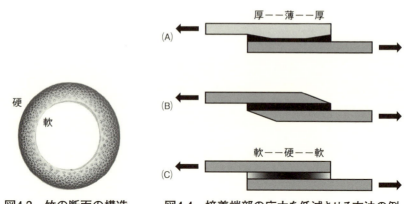

図4.3　竹の断面の構造　　図4.4　接着端部の応力を低減させる方法の例

に全面付着して剥がれ、繊維層が見えている。

　表層破壊を防ぐためには、素材の表層を強化する必要がある。マトリックス材料の高強度化や、シート材であれば高強度材料のクラッドやラミネート、成形部品であれば高強度皮膜のコーティングなどが考えられる。竹は、**図4.3**に示すように表面が硬くて内部が柔らかく、繊維の密度も表層と内部で異なり、軽量で強靱な性質を有している。材料自体に竹のように、表層が内部より強靱になるような傾斜機能を付与できれば一層好ましい。

　接合体として考えれば、表層破壊が始まる場所は、応力が集中する接着端部（写真4.2の(A)点）である。接着端部に加わる応力レベルを低減することで、表層破壊を回避できると考えられる。接着剤の弾性率を下げれば応力レベルは低下するが、強度も低下するため好ましくない。**図4.4**(A)のように接着端部の接着層の厚さを厚くすることにより、接着端部の応力集中をいくぶん低減することができる。または図4.4(B)のように、部品の接着端部の厚さを薄くして部品の剛性を低下させることでも、接着端部の界面に働く応力を低減することができる。

　接合強度を低下させずに、接着端部の応力をより積極的に低減させる方法として、図4.4(C)に示すように接着中央部の接着剤は硬く、接着端部の接着剤は柔らかくする方法がある。このように、接着層に物性傾斜を付与するアイデアは古くからあり、エポキシ系接着剤やシリコーン系

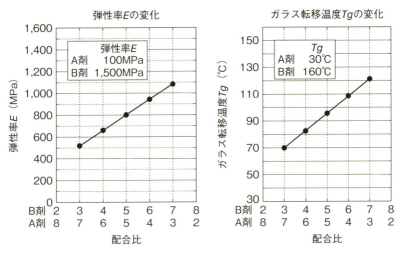

図4.5　SGA の配合比変化による弾性率、T_g の変化

接着剤、ウレタン系接着剤などで段階的に物性を変化させた検討例はあるが、プロセスやコスト面から民生機器や量産機器への実用化は皆無と言える。

付加反応型のエポキシ、ウレタン、シリコーン系などの接着剤では配合比の許容範囲が狭いため、簡単にはできないが、ラジカル反応で配合比の許容範囲が非常に広い2液型変成アクリル系接着剤（SGA）では、配合比を変化させることで容易に実現できる。例えば、弾性率が100MPa の A 剤と、1,500MPa の B 剤を用いて、配合比を A 剤：B 剤＝7：3～3：7 に変化させると、図4.5 左側に示すように混合物の弾性率を 520～1,080MPa と変化させることができる。あるいは、図4.5 右側に示すように、ガラス転移温度 T_g が 30℃の A 剤と 160℃の B 剤を用いて、配合比を A 剤：B 剤＝7：3～3：7 に変化させると、混合物の T_g を 69～121℃と変化させることができる。

このような物性傾斜を活用することにより、塗装やめっき表面での接着における塗膜やめっき膜の母材表面からの剥離防止、異種材料接合での温度変化による熱変形や熱ひずみの低減、高温強度と低温耐衝撃性の両立、ガラスや焼結磁石などの割れやすい材料の接着での破壊防止な

ど、種々の効果を得ることが想定される。

3.5　複合接着接合法の活用

3.2項でも述べたように、複合接着接合法は低温での耐衝撃性と高温での接着強度を両立に効果的である。その他にも、前章で述べたように複合接着接合法を用いると、いろいろな接着の欠点をカバーすることができる。

部材の線膨張係数の違いによる熱ひずみや熱変形をなくすために室温硬化型接着剤を用いると、接着剤の硬化までの固定が問題となるが、固定治具の代用として接着以外の接合方法を用いれば、硬化までの待ち時間をなくして、接着剤が未硬化のままで次工程に移すことができる。室温硬化型接着剤で接着剤の硬化時間を短くすると、混合から貼り合わせ終了までの作業可能時間（可使時間）も短くなり、夏期高温時には特に問題となる。

年間を通して気温が高い海外での生産では、気温に応じた硬化速度に接着剤の組成を調整することは可能であるが、日本国内では夏冬の温度差が大きく、組立ラインのタクトタイムに合せるためには、接着剤を夏用と冬用に分けるか、工場全体の空調が必要である。複合接着接合法を活用すると、短時間硬化は不要となるので、夏期高温時でも十分な作業時間が確保できる硬化速度に調整が可能である。可使時間オーバーによる作業は、室温硬化型接着剤での不良の大きな原因の1つとなっており、むやみな短時間硬化は不良の原因となる。

これまで自動車の車体組立で使用されてきた複合接着接合としては、金属/金属におけるスポット溶接、ブラインドリベット、セルフピアスリベット、メカニカルクリンチングなどがあるが、金属と複合材料、金属とプラスチックの接合となると、上記の中で使用できるものはブラインドリベットだけである。1ピースタイプのブラインドリベットでは、リベット端部が塑性変形して締結するため、リベット穴の周囲に応力が加わりやすい。2ピースタイプのブラインドリベットを用いれば、リ

ベット穴には大きな応力が生じないため、穴周囲からの亀裂の発生などを防ぐことができる。強度はそれほど強くないが、複合材料に使用できるセルフタップねじなども開発されており、樹脂の特性を使ったスナップフィットや樹脂ダボの熱つぶしなどの新しい併用接合法の開発も必要である。

3.6 接着剤の固着時間と可使時間の比率の短縮

夏期高温時でも作業に十分な可使時間を持たせて、他の接合方法の併用によって硬化の待ち時間をなくしてすぐに次工程に移れたとしても、接着剤が強度を発揮するまでに数時間もかかっていたのでは問題である。特に、冬期低温時には大きな問題となる。そこで、可使時間が長く、可使時間経過後は急速に硬化反応が進む反応形態を導入する必要がある。

図4.6に示すように、必要最小限の初期強度に到達するまでの硬化時間（固着時間）と可使時間の比率は、付加重合で硬化する2液室温硬化型エポキシ系接着剤や2液室温硬化型ウレタン系接着剤では、12～16倍程度が一般的である。一方、ラジカル重合で硬化する2液室温硬化型変成アクリル系接着剤（SGA）では、3～4倍が一般的である。すなわ

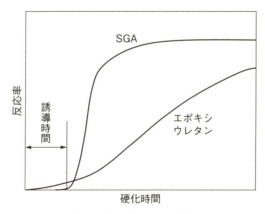

図4.6　エポキシ系、ウレタン系とSGAの硬化時間と反応率の関係の比較

ち、接着剤の混合開始から接着剤を部品に塗布して貼り合わせ、他の接合方法での締結が終了するまでの時間を3分とすると、接着剤の可使時間は少し余裕を持たせて5分必要とすると、固着までの時間は、エポキシ系やウレタン系接着剤では60〜80分、アクリル系接着剤では15〜20分となる。冬期低温時には接着剤の可使時間も長くなるため、固着までの時間はさらに長くなる。ラジカル重合などの反応機構を活用する硬化形態の開発が必要である。

　なお、仮固定後に、接着部を部品が変形しない程度に加温して接着剤の硬化時間を短縮する方法もあるが、大型部品や車体全体を加熱するのは熱効率の点から好ましい方法とは言えない。接着部は部品にはさまれて熱が最後に伝わる部分にあるからである。接着部近傍だけを効率的に加熱するには、接着前に、接着剤を塗布しない側の接着面だけを加熱しておくのがよい。加熱する部分には接着剤はないので、接着剤の熱による影響を考慮する必要はなく、加熱方法としてもレーザー照射、摩擦熱、金属部品であれば高周波加熱、通電加熱など種々の方法が使用できる。

3.7　今後期待される接着剤

　マルチマテリアル化における異種材料接合に対応する接着剤は、線膨張係数の相違を考えると、加熱硬化型接着剤から室温硬化型接着剤に移行するのは必至であろう。室温硬化型接着剤には、1液湿気硬化型のものや2液反応硬化型のものがあるが、接着される部品の材質は複合材料や金属などであり、これらは基本的に水分を通さない材料であるため、1液湿気硬化型接着剤は適用困難である。

　これらの点から、マルチマテリアル車体の組立に使用される接着剤は、2液型の室温硬化タイプとなる。2液室温硬化型接着剤としてはエポキシ系、ウレタン系、アクリル系（SGA）が主な候補である。中でもこれまで述べたように、接着剤の海島構造、油面接着性、傾斜機能の容易な創出、可使時間に対する固着時間の短さなどの点でアクリル系接

着剤（SGA）は有望と思われる。

2液型変成アクリル系接着剤（SGA）は、自動車の車体組立にはこれまでほとんど使用されていない。この1つの理由として、自動車のマルチマテリアル化でリードしている欧州においては、ウレタン系接着剤とエポキシ系接着剤の大手メーカーはあるが、2液型変成アクリル系接着剤（SGA）の大手メーカーはほとんどないことが考えられる。

従来のMMA（メチルメタアクリレート）系のアクリル系接着剤（SGA）は臭気が強く、輸出時に危険物に分類される欠点があったが、最近ではMMAを使用しない低臭気タイプでより安全な製品も増加しつつある。ラジカル反応をさらに追求することで、現在の2液型変成アクリル系接着剤（SGA）を超える新機能や新工法の創出も可能と思われる。

3.8 接着評価における課題

せん断強さ試験は接着強度評価の基本であり、一般にJIS K6850などに準拠した引張せん断試験が実施されている。図4.7は、各種の樹脂材料の引張せん断強さの比較である。プラズマ処理を行ったものは、いずれも接着剤の凝集破壊か樹脂材料の表層破壊であるため類似の強度を示すはずであるが、結果は材料間の比較ができないほど強度が大きく異

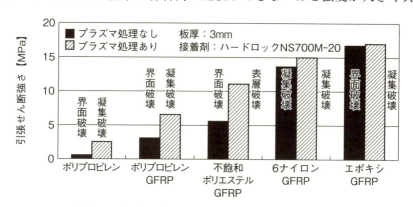

図4.7　各種の樹脂材料の引張せん断強さの比較

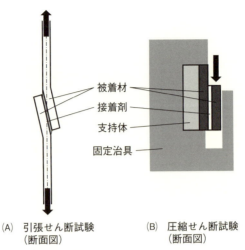

(A) 引張せん断試験
(断面図)

(B) 圧縮せん断試験
(断面図)

図4.8　引張せん断試験における接着部の曲がりと
　　　　圧縮せん断試験の方法

なっている。これは、板と板を接着する引張せん断試験で得られる最大強度は、被着材の引張強さや、**図 4.8**(A)に示すように接合部での板の曲がり方に大きく依存するためである。

　板の曲がりが起こると、剥離力により低強度で破壊しやすくなる。樹脂材料や複合材料のせん断接着強度を正確に測定するためには、板/板での引張せん断試験から、図 4.8(B)に示すような圧縮せん断試験に移行する必要があると考えられる。

　耐衝撃性試験も重要であり、最近では**図 4.9**(A)に示すような、JIS K6865 に準拠したくさび衝撃試験が増加している。この試験においては、被着材料を図 4.9(A)のような形状に曲げる必要がある。金属板では容易に曲げ加工ができるが、樹脂材料や複合材料では簡単にはできない。そこで例えば、図 4.9(B)に示すような平板で可能な試験方法を考案する必要がある。

　接合体の信頼性を確保するためには、接着の信頼性についての評価も重要である。接着接合部に力を加えていくと、最終的に破断するが、破断以前の負荷荷重が小さい段階においても内部破壊は始まっている。破断強度や平均値ではなく、内部破壊強度の評価やばらつきを考慮した統

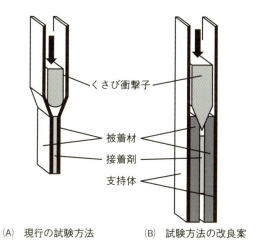

(A) 現行の試験方法　　(B) 試験方法の改良案

図4.9　現行のくさび衝撃試験方法と平板試験片での試験方法の案

計的扱いも評価に加えることが重要である。

3.9　接着部の検査と補修、解体、リサイクル

　接着接合が車体の主要構造部に使用される場合には、車体組立工程での検査法の開発も重要となる。航空機や宇宙機器で行われているような超音波検査やX線検査をそのまま適用することは困難であり、短時間で判定できる方法と判定基準の策定が必要となる。また、定期検査などで接着部の健全性を整備工場で簡易に評価する方法と判定基準の策定も必要となる。

　接着部に損傷が見つかった場合の補修方法の開発も必要である。さらに、廃車となった場合の接着部の解体方法もあらかじめ考えておかなければならない。

　解体された部品のリサイクルの方法にも十分な配慮が必要である。先進国では複合材料のリサイクルが問題なくできたとしても、後進国では埋設や燃料として焼却されるものも多いと考えられる。特に炭素繊維は導電性があるため、短繊維の炭素繊維が空気中に多量に飛散すると電波

障害が起こったり、電子機器の通電部に触れると短絡を起こし、大きな社会的問題を引き起こすことになりかねない。また、生植物への影響も十分に検討しておくべきである。

第5章

信頼性の高い接着接合を行うためのポイント

　自動車の車体組立に接着接合を適用するためには、開発段階、設計段階、施工段階での信頼性のつくり込みが重要である。本章ではこれらについて述べる。

1 接着の強度信頼性確保のための指針

1.1　信頼性確保のための基本的な考え方

　接着強度が高く、接着強度のばらつきが少なく、耐久性に優れ、しかも生産性に優れた接着を「高信頼性接着」と呼んでいる。特に重要な点は、接着強度のばらつきが小さいことである。

　信頼性に優れるというのは、品質のばらつきが小さく、不良率が低いことである。許容できる不良率の上限値（許容不良率）は、製品の設計段階で設定される。図5.1は接着強度の分布であり、許容不良率の上限強度 p が接着部に加わる最大の力 P_{max} より大きければ不良率は許容不良率以下にとどまる。

　接着強度の分布(A)では、許容不良率以上の不良が発生するので改良し

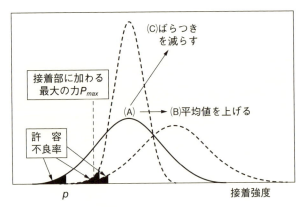

図5.1　接着信頼性向上の基本的考え方

なければならないが、(B)のように平均強度を高くして改善する方法と、(C)のように平均強度はそのままでばらつきを小さくする方法がある。改善の難易度としては(C)が(B)より容易な場合が多い。「強度ばらつきの低減」が信頼性向上の基本的な考え方である。

1.2　破壊状態

　接着接合は、接着剤という接合材料を用い、接着剤と被着材の界面で化学的に結合しているという点から、破壊は**写真5.1**に示すように、接着剤内部での破壊（これを以下凝集破壊と呼ぶ）と接合界面での破壊（これを以下界面破壊と呼ぶ）に大別される。

　一般に多く見られるのは界面破壊であるが、被着材の表面には、**図5.2**に示すように、界面での結合力に影響する多くの因子が集まっており、これらの因子を常に一定条件に管理することは困難である。そのため、界面破壊の場合は強度ばらつきが大きくなる。また、**図5.3**に示すように、接着剤の硬化収縮や硬化後の冷却過程で生じる応力、使用中の温度変化（特に低温）や外力によって生じる応力は、接着部端部の界面で最も大きくなる。

　界面破壊しやすい状態では、界面での結合力が作用する応力に負けて

第5章　信頼性の高い接着接合を行うためのポイント　135

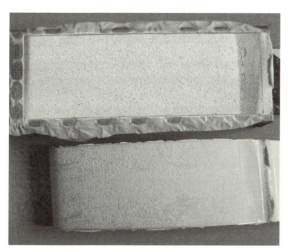

(A) 凝集破壊

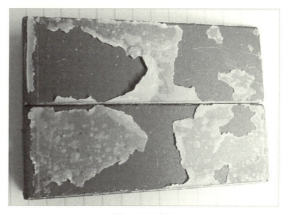

(B) 界面破壊

写真5.1　凝集破壊と界面破壊

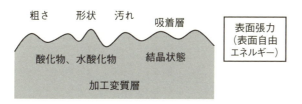

図5.2　部の表面におけるばらつきの要因

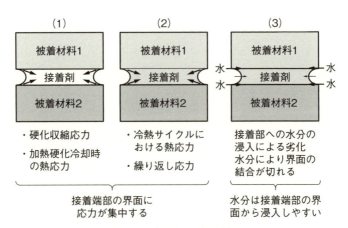

図5.3　接着部の脆弱箇所

破壊に至ることとなる。また、外部からの水分は接着界面に最も浸入しやすく、そのため界面破壊しやすい状態では、界面に容易に水分が浸入して劣化することとなる。界面に生じる破壊はクラック状となるため、クラックが進展すると短期間で破壊に至ることとなる。

一方、接着剤の内部で破壊する凝集破壊においては、接着剤の物性だけで接着強度が決まり、強度ばらつきは小さくなる。表面処理や表面改質を行って界面での接着性を高め、接着界面での破壊を避けて接着剤の内部で破壊する凝集破壊に持って行くことの重要さは、上記の点からも明らかである。

凝集破壊率（接着面積全体に占める凝集破壊部の面積比）は100％が理想だが、筆者の経験では、凝集破壊率が40％以上であれば低強度品の発生はほとんどなく、強度ばらつきの小さな信頼性の高い接着ができていると考えられる。信頼性を考えるときの基本は、接着強度の分布が正規分布になっていることであるが、凝集破壊率が40％以上では接着強度は正規分布となる。界面破壊を減らして、40％以上の凝集破壊率を確保することが、接着の信頼性確保の第一歩である。

凝集破壊率を高くするには、被着材表面を表面処理や表面改質して界面での結合力を増加させることが基本となる。しかし、接着剤によっては油が付着したまま接着しても完全な凝集破壊になるものもあり、この

ような接着剤の活用は信頼性確保の観点からも重要である。

1.3 接着強度の変動係数

接着の強度的信頼性を向上させるためは、強度ばらつきを小さくして、あらかじめ設定されている許容不良率における上限強度 p を向上させる必要があることを1.1項で述べた。

図5.4は接着強度の平均値が同じで、ばらつきの大きさが異なる2つの正規分布の形態を示したものである。信頼性を考える際には、設計段階で設定されている許容不良率 $F(x)$ における上限強度 $p1$ や $p2$ を知ることが必要である。許容不良率は、分布全体の面積を1としたときの低強度側の面積となる。許容不良率が同じでも、標準偏差 $σ1$ や $σ2$ の大きさで $p1$ や $p2$ は変化する。許容不良率は一般に、1/10万から1/1,000万程度に設定される場合が多い。許容不良率 $F(x)$ における上限強度 p は、式5.1の正規分布の分布関数から求めることができる。

$$F(x) = \int_{-\infty}^{p} \frac{1}{\sigma\sqrt{2\pi}} \exp\left\{-\frac{1}{2}\left(\frac{x-\mu}{\sigma}\right)^2\right\} dx \qquad 式(5.1)$$

図5.5に、式5.1から求めた種々の許容不良率 $F(x)$ のもとでの、標準偏差 $σ$ と許容不良率の上限強度 p の関係を示す。標準偏差 $σ$ および許容不良率 $F(x)$ における上限強度 p は、平均強度 $μ$ によって変化するた

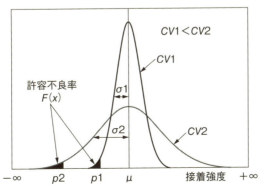

図5.4　接着強度のばらつきの大きさと分布の広がり方、変動係数 CV

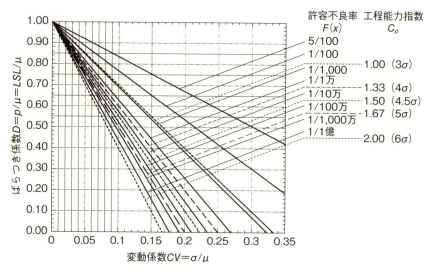

図5.5 許容不良率 $F(x)$、工程能力指数 C_p、接着強度の変動係数 CV とばらつき係数 D の関係

め、図5.5 においては平均強度 μ で割って無次元化した変動係数 $CV(=\sigma/\mu)$ とばらつき係数 $D(=p/\mu)$ で示している。

　接着強度の信頼性が求められる場合、低強度品と言えども平均強度の50％以上の強度を有していることは最低限必要と筆者は考えている。すなわち、図5.5 のばらつき係数 D は 0.5 以上が必要である。このためには、例えば許容不良率が 1/100 万の場合は、変動係数 CV は 0.105 以下であることが必要となる。このような点から信頼性の高い接着を行うためには、変動係数を 0.10 以下になるまでつくり込むことが必要である。

　許容不良率と類似であるが、工程能力指数 C_p で表すと、下側規格値 LSL のみを扱う場合は $C_{p,Lower}=(\mu-LSL)/3\sigma$ で表される。下側規格値 LSL は、許容不良率 $F(x)$ における上限強度 p に相当するものと考えてよい。図5.5 には、工程能力指数が 1.33、1.50、1.67、2.00 の場合の、接着強度の変動係数 CV と LSL/μ の関係線も示した。

　自動車部品の場合の工程能力指数 C_p は、1.50 や 1.67 以上を要求されることが多い。C_p が 1.50 というのは、許容不良率で示すと 1/10 万〜1/

100 万に相当し、C_p が 1.67 の場合は 1/100 万～1/1,000 万に相当する。C_p が 1.67 の場合で、LSL/μ が 0.50 の場合は、変動係数 CV は 0.10 となる。LSL を平均強度の 70 ％や 80 ％に規定する場合は、CV は 0.06、0.04 であることが必要となる。

　接着強度の変動係数 CV を 0.02 以下にすることはきわめて困難である。そうなると、工程能力指数の下側規格値を平均強度の 90 ％に設定した場合は、ほとんどの場合に不合格が生じることとなる。なお、凝集破壊率と変動係数には一般に相関が認められており、界面破壊する場合は変動係数が 0.20 以上になる場合も多い。図 5.5 で、変動係数が 0.20 で許容不良率が 1/100 万の場合を見ると、許容不良率での上限強度は平均強度の 5 ％しかないことがわかり、界面破壊では信頼性を議論することはまったくできない。

1.4　接着の実力強度

　構造部材を接着接合により組み立てる場合の設計基準は規格化されていない。これでは、接着接合を使いたくても使うことができない。そこで筆者は、接着強度の低下に影響する諸因子を考慮し、接着強度の実力値（設計基準強度）と、設計に用いることができる設計許容強度の見積りを行った。以下に、その考え方と得られた結果を示す。

(1)　破断強度と平均強度

　接着強度は破断試験を行い、破断強度の平均値で表されることが多い。しかし、この平均破断強度は接着の実力強度とは言えない。

(2)　接着の実力強度に影響する因子

　接着の実力強度を求めるために、次の強度低下因子を考える。なお、以下の説明では前項および前々項で述べたように、凝集破壊率は 40 ％以上、変動係数 CV は 0.10 以下までつくり込まれていることを前提としている。

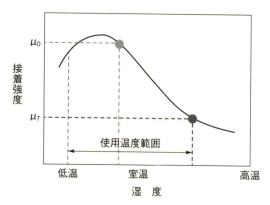

図5.6 接着強度の温度依存性の模式図と温度依存係数 η_T

① 接着強度の温度依存性

図5.6に示すように、接着強度は測定温度によって変化し、一般には高温で強度が低下する。製品の接着部の使用温度範囲の最高温度での接着強度で考える必要がある。

② 接着強度のばらつき

前項で述べたように接着強度にはばらつきがあり、許容不良率の上限強度で考える必要がある。許容不良率での上限強度 p は、図5.5から求めることができる。

③ 内部破壊の発生

図5.7に示すように、接着部に力を加えていくと最終的には破断するが、破断以前に接着部の内部ではすでに破壊が始まっている。破断以前に生じる破壊を内部破壊と呼ぶ。小さな力で内部破壊が生じる場合は、繰り返し疲労が加わるような場合には、内部破壊が進行して短時間で破壊することになる。内部破壊が始まる強度（内部破壊発生開始強度）を考えることが重要となる。

④ 劣化による強度低下とばらつきの増加

接着接合体が劣化すると、接着強度の低下とばらつきの増大が起こる。図5.8は、初期と劣化後の接着強度の分布を示したものである。劣化により接着強度は低下し、ばらつきは増加する。劣化によるばらつきの増大は、変動係数 CV の増大として扱う。筆者が行った多数の長期劣

第 5 章　信頼性の高い接着接合を行うためのポイント　　141

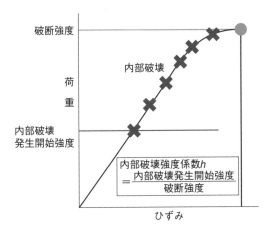

図5.7　接着継手の荷重―ひずみ線図における内部破壊の発生の模式図

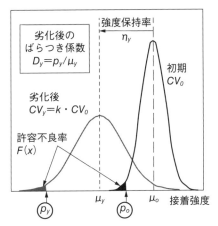

図5.8　劣化による接着強度の低下とばらつきの増大

化試験の結果から、劣化による変動係数の増加率 k は、繰り返し応力が負荷されながら屋外で 30 年間程度使用された場合でも、初期の 1.5 倍以内と考えることができる。

　使用期間や使用環境がより楽な場合は、変動係数の増加率 k を 1.4 倍や 1.3 倍としてもよい。仮に k を 1.4 倍とすると、初期の変動係数 CV_0 が 0.10 の場合には、劣化後の変動係数 CV_y は 0.14 となり、許容不良率

表5.1　AE による内部破壊の評価結果

破壊状態	試料番号	AE 発生開始荷重比
凝集破壊	1 2 3	51 % 76 % 100 %
	平均	76 %
界面破壊	1 2 3	7 % 8 % 31 %
	平均	15 %

AE 発生開始荷重比＝AE 発生開始荷重/破断荷重
SUS/SUS　せん断　2 液変性アクリル系

が 1/10 万の場合は、図 5.5 から、許容不良率の上限強度 p_y は平均値の 40 ％となる。なお、信頼性が求められる接着系における、耐用年数経過後の強度保持率 η_y は、少なくとも 50 ％以上を確保できていることは必要である。劣化率が大きすぎると、予測できない劣化モードが生じている可能性があるためである。

⑶　内部破壊発生開始強度

　内部破壊の発生開始強度は、①静的荷重のみが加わる場合、②高サイクル疲労が加わる場合、③冷熱繰り返しなどの低サイクル疲労が加わる場合、の 3 つの場合について考える。

　①　静的荷重のみが加わる場合

　表 5.1 は、アコースティックエミッション（AE）により、凝集破壊する場合と界面破壊する場合について、破断荷重に対して最初の AE（ひび割れ音）が発生する荷重の比を測定した結果である。この結果より、凝集破壊の場合は、破断荷重の 50 ％以上の荷重負荷でひび割れが生じていることがわかる。

　界面破壊の場合は、破断荷重の 10 ％以下の荷重負荷でも内部破壊が始まっており、界面破壊は凝集破壊に比べて強度信頼性が非常に低いことがわかる。ここでは凝集破壊の系に限っているため、静的荷重のみが

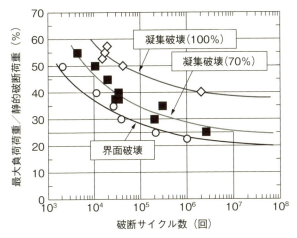

図5.9 疲労試験結果の一例

加わる場合の内部破壊係数（破断荷重に対する内部破壊発生開始荷重比）h_1 を 0.5 と仮定する。仮定としたのは、AE 測定のデータは非常に少ないためであり、今後のデータ蓄積が待たれるところである。

② 高サイクル疲労が加わる場合

疲労破壊は内部破壊の蓄積によるものと考え、図 5.9 に示すように、疲労試験の結果から求めた。高サイクル疲労の場合は、破断サイクル数 10^7 サイクルにおける最大負荷荷重の破断荷重に対する比を内部破壊係数 h_2 とし、凝集破壊率 70 ％の試験結果から求めると、$h_2 = 0.25$ となる。

③ 低サイクル疲労が加わる場合

②と同様に、破断サイクル数 10^4 サイクルにおける最大負荷荷重の破断荷重に対する比を内部破壊係数 h_3 とすると、$h_3 = 0.45$ となる。

1.5　接着強度の設計基準

(1) 設計基準強度と設計許容強度

接着の実力強度が設計基準強度となるが、設計基準強度で設計してはならず、実際には設計基準強度を安全率で割った強度が設計に使用できる上限強度となる。この実際に設計に使用できる上限強度を設計許容強

度と呼んでいる。

⑵　設計基準強度

　前項で述べた接着強度の低下因子から、設計基準強度 P を求める。ここでベース強度としては、初期の室温における平均強度ではなく、図5.6 に示した使用環境の最高温度下における高温平均強度 μ_T を用いる。

　ベース強度（高温平均強度）μ_T に対する設計基準強度 P の比率を「設計基準強度比 P^*」と表すと、

　　　設計基準強度比 P^* ＝設計基準強度 P/高温強度 μ_T

　　　　　＝内部破壊係数（$h_1 = 0.5$、$h_2 = 0.25$、$h_3 = 0.45$)×劣化後のばらつき係数 $D_y (\geqq 0.4)$×劣化後保持率 $\eta_y (\geqq 0.5)$

となる。

　表 5.2 に、設計基準強度比 P^* の計算結果を示した。劣化後の強度保持率が 50 ％で劣化後のばらつき係数が 0.40 の場合の、高温強度に対する設計基準強度比 P^* は、静的荷重負荷の場合は 1/10、低サイクル疲労負荷の場合は 1/11、高サイクル疲労負荷の場合は 1/20 となる。

⑶　設計許容強度

　設計許容強度は、設計基準強度 P を安全率 S で除した強度である。ベース強度（高温平均強度 μ_T）に対する設計許容強度の比率を設計許容強度比 P_s^* とすると、

　　　　　　設計許容強度比 P_s^* ＝設計基準強度比 P^*/安全率 S

となる。設計基準強度には接着強度の温度依存性や内部破壊、劣化、ばらつきなどの強度低下要因が含まれているため、安全率 S は大きくとる必要はなく、1.5〜2.0 倍程度でよいと思われる。

　表 5.2 に、設計許容強度比 P_s^* の計算結果を示した。劣化後の強度保持率が 50 ％で劣化後のばらつき係数が 0.40 の場合で、安全率が 2.0 倍の場合は、高温強度に対する設計許容強度比 P_s^* は、静的荷重負荷の場合は 1/20、低サイクル疲労負荷の場合は 1/22、高サイクル疲労負荷の場合は 1/40 となる。

第5章 信頼性の高い接着接合を行うためのポイント 145

表5.2 設計許容強度比 $P_S{}^*$ の計算結果

内部破壊係数 h	劣化後		設計基準強度比 P^* (安全率 $S=1.0$) $P^*=h \cdot D_y \cdot \eta_y$	設計許容強度比 $P_S{}^*=P^*/S$	
	保持率 η_y	ばらつき係数 D_y		安全率 $S=1.5$ $P^*/1.5$	安全率 $S=2.0$ $P^*/2.0$
静荷重負荷 $h_1=0.50$	0.75	0.7	0.2625 (1/ 4)	0.1750 (1/ 6)	0.1313 (1/ 8)
		0.6	0.2250 (1/ 4)	0.1500 (1/ 7)	0.1125 (1/ 9)
		0.5	0.1875 (1/ 5)	0.1250 (1/ 8)	0.0938 (1/11)
		0.4	0.1500 (1/ 7)	0.1000 (1/10)	0.0750 (1/13)
		(0.3)	0.1125 (1/ 9)	0.0750 (1/13)	0.0563 (1/18)
	0.50	0.7	0.1750 (1/ 6)	0.1167 (1/ 9)	0.0875 (1/11)
		0.6	0.1150 (1/ 7)	0.1000 (1/10)	0.0750 (1/13)
		0.5	0.1250 (1/ 8)	0.0833 (1/12)	0.0625 (1/16)
		0.4	0.1000 (1/10)	0.0667 (1/15)	0.0500 (1/20)
		(0.3)	0.0750 (1/13)	0.0500 (1/20)	0.0375 (1/27)
低サイクル疲労 $h_3=0.45$	0.75	0.7	0.2363 (1/ 4)	0.1575 (1/ 6)	0.1182 (1/ 8)
		0.6	0.2025 (1/ 5)	0.1350 (1/ 7)	0.1013 (1/10)
		0.5	0.1688 (1/ 6)	0.1125 (1/ 9)	0.0844 (1/12)
		0.4	0.1350 (1/ 7)	0.0900 (1/11)	0.0675 (1/15)
		(0.3)	0.1013 (1/10)	0.0675 (1/15)	0.0507 (1/20)
	0.50	0.7	0.1575 (1/ 6)	0.1050 (1/10)	0.0788 (1/13)
		0.6	0.1350 (1/ 7)	0.0900 (1/11)	0.0675 (1/15)
		0.5	0.1125 (1/ 9)	0.0750 (1/13)	0.0563 (1/18)
		0.4	0.0900 (1/11)	0.0600 (1/17)	0.0450 (1/22)
		(0.3)	0.0675 (1/15)	0.0450 (1/22)	0.0338 (1/30)
高サイクル疲労 $h_2=0.25$	0.75	0.7	0.1313 (1/ 8)	0.0875 (1/11)	0.0657 (1/15)
		0.6	0.1125 (1/ 9)	0.0750 (1/13)	0.0563 (1/18)
		0.5	0.0938 (1/11)	0.0625 (1/16)	0.0469 (1/21)
		0.4	0.0750 (1/13)	0.0500 (1/20)	0.0375 (1/27)
		(0.3)	0.0563 (1/18)	0.0375 (1/27)	0.0282 (1/35)
	0.50	0.7	0.0875 (1/11)	0.0583 (1/17)	0.0438 (1/23)
		0.6	0.0750 (1/13)	0.0500 (1/20)	0.0375 (1/27)
		0.5	0.0625 (1/16)	0.0417 (1/24)	0.0312 (1/32)
		0.4	0.0500 (1/20)	0.0333 (1/30)	0.0250 (1/40)
		(0.3)	0.0375 (1/27)	0.0250 (1/40)	0.0188 (1/53)

なお、接着強度の変動係数を小さくしたり、劣化を少なくするなどのつくり込みを行うことで、設計許容強度を高くすることができる。表5.2 に示すように、劣化後の強度保持率を 75％、劣化後のばらつき係数を 0.60 に改善すると、高温強度に対する設計許容強度比 P_s^* は、静的荷重負荷の場合は 1/9、低サイクル疲労負荷の場合は 1/12、高サイクル疲労負荷の場合は 1/18 となる。

接着部に加わる力が、上記で示した設計許容強度以下になるように接合部の設計を行えばよいことになる。

2 設計上のポイント

2.1 接着層の厚さ

図 5.10 は、接着剤層の厚さと接着強度の関係である。せん断強さや引張強さは一般に接着層が 10μm 程度で最大となり、厚くなるにつれて低下する。極端に薄くなると被着材同士が接触し、有効な接着面積が減

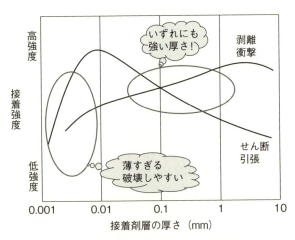

図5.10　接着層の厚さと強度の関係

少するため強度は低下する。

　せん断や引張において、接着層が厚くなると接着強度が低下するのは、図5.11に示すように接着剤が一定のひずみ率になるために要する時間が、接着層の厚さに比例して長くなるためと考えられる。例えば、接着層の厚さが10倍になると、同じひずみ率まで変形するのに要する時間は10倍かかる、すなわち、ひずみ速度は1/10に低下する。接着剤は粘弾性体で、遅い速度で引っ張ると粘性部分が大きく動くため、低い強度になるという性質によるものと考えられる。

　一方、剥離強度は図5.10に示すように、mmオーダーのところで最も高い強度になる。これは図5.12に示すように、接着層が厚くなると接着剤の破断までの伸び量は大きくなり、荷重を受ける面積が増加するためである。例えば接着層の厚さが0.1mmで接着剤の破断伸び率が100％の場合は、0.1mm延ばされたところで破壊するが、接着層の厚さ

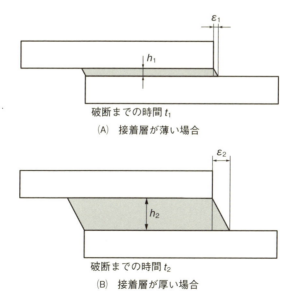

(A) 接着層が薄い場合

(B) 接着層が厚い場合

$h_2/h_1=\varepsilon_2/\varepsilon_1=t_2/t_1=$速度$V_1/V_2$

図5.11　せん断変形における接着層の厚さとひずみ量、時間、ひずみ速度の関係

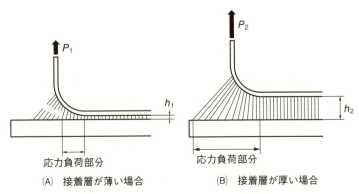

図5.12 剥離における接着層の厚さと接着剤の伸び量の関係

が1mmであれば1mmまでの伸びには耐えることになる。すなわち、被着材の反りへの追従性は接着層が厚い方が大きく、接着層が厚ければ広い面積で力を受けることができ、剥離強度が高くなる。

せん断強さと剥離強度のバランスがとれた接着層の厚さは、一般に0.1〜0.5mm程度である。接着層の厚さが薄すぎると、種々の方向の力に対して変形できるひずみ量が小さくなるので、破壊しやすくなる。接着は隙間埋めと接合を同時に行うことも多く、接着層の厚さが数mmになる場合もあるが、接着層が厚ければ変形に対する追従性は増えるため、厚くて問題になることはほとんどない。

接着剤層の厚さ調整のため、**図5.13**(A)のように部品に突起や溝を設けることがある。この場合、接着剤は液体の間に接着部の全周で分子間力による結合を起こし、その後に接着剤は硬化反応や熱硬化後の冷却によって体積収縮を起こそうとする。しかし、全周で結合しているためにほとんど収縮ができず、厚さ方向には拘束されていることで、接着剤は被着材料との界面で引っ張られた状態となる。

そのため、厚さ方向に拘束のない(B)に比べて大きな内部応力が発生し、引張応力によって接着剤にクラックが生じ、引張応力が接着力を超えると界面での剥離が生じることとなる。剥離は、特に角の部分で起こりやすい。また部品が薄くて変形しやすい場合は、接着層の厚さ方向の収縮応力により部品に変形を生じさせることになる。

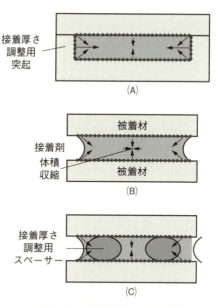

図5.13 接着層の厚さの調整法

　図5.13(C)は接着剤層の厚み調整のためにスペーサーを使用する場合である。(A)に比べると内部応力は低いが、(B)よりは大きくなる。無機物や金属などスペーサーが硬いと厚さ方向に収縮できず内部応力が大きくなるため、柔らかい樹脂ビーズを使用するとよい。

2.2　接着剤の硬さ、伸び

　一般の接着剤では、硬いものは伸びが小さく、柔らかいものは伸びが大きい。図5.14は接着剤の硬さ（弾性率）、伸びと各種の接着強度の関係を示したものである。一般に、せん断強さや引張強さと剥離強度や衝撃強度は接着剤の硬さや伸びに対して逆の関係になる。すなわち、接着剤が硬くて伸びが小さければ、せん断強さや引張強さは高くなり、剥離強度と衝撃強度は低くなる。接着剤が柔らかくて伸びが大きい場合は逆になる。これは、剥離強度を高くするためには接着剤に伸びが必要で、衝撃強度を高くするためには衝撃エネルギーを吸収できる柔軟性が必要

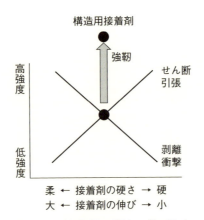

図5.14 接着剤の厚さ、伸びと各種の接着強度の関係

なためである。

　各種の力に対して強い接着剤は、硬すぎず柔らかすぎず、すなわち、爪を立てれば少し傷が付く程度の強靱なものがよいことになる。構造用接着剤と呼ばれる高強度接着剤では硬さと伸びが両立されていて、いわゆる「強靱」な性質になっている。強靱さを出すためには、硬いエポキシ樹脂やアクリル樹脂に柔らかいゴム成分などを添加するなどの変成がなされている。写真4.1に示したように、海島構造やポリマーアロイなどの微視的構造を形成させることで非常に強靱になり、1+1=3の性質が得られる。

2.3　引張速度と接着強度

　引張せん断強さや引張強さは、接着部に加わる力の速度で変化し、高速で力が加わった場合は低速で力が加わった場合より破断強度が高くなる。これは、接着剤は完全な弾性体ではなく、粘弾性体であるためである。接着剤が柔らかく粘性が高いほど、引張速度依存性は大きくなる。

　図5.15は、構造用両面テープの引張せん断試験における引張速度の影響の一例である。構造設計に用いる強度は、できるだけ低速で引っ

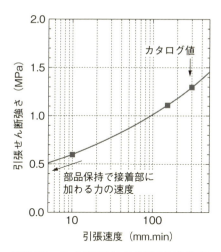

図5.15 せん断強さの引張速度依存性（構造用両面テープの例）

張ったときのデータを用いるのがよい。

2.4 材料強度と接着強度

　引張せん断強さの測定は、一般に板と板の単純重ね合わせ試験で行われている。接着部の強度が、板自体の引張強さより高ければ、接着部が破壊する前に板自体が伸びることとなり、接着強度は低い値となる。板をより引張強さが高い材質に変更したり板厚を上げたりすれば、板が大きく伸びずに接着部が破壊するため、正確な接着強度の測定ができる。

　図5.16は、2液型アクリル系接着剤（SGA）で板厚が異なる熱延鋼板同士を接着した場合の、重ね合わせ長さLと引張せん断試験における破断荷重の関係である。破断荷重は重ね合わせ長さLに比例して増加するが、板自体の耐力付近で頭打ちとなることがわかる。板/板でのせん断強さの測定は、JISなどの規格試験にこだわることなく、接着強度と板自体の強度を考えて試験片の板厚と重ね合わせ長さを決めるべきである。

　接着部の強度より板自体の引張強さが低い試験片で測定を行うと、次

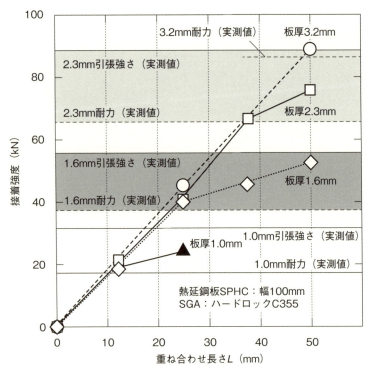

図5.16　せん断試験片における重ね合わせ長さ L と接着強度の実側値

のようなデータの読み間違いを生じることがある。例えば接着強度の温度依存性を測定する場合、**図5.17**に示すように高温で接着強度が被着材の強度より低くなると、薄板での測定でも接着強度は正確に求められる。しかし、低温で接着剤が硬くなって被着材の強度を超えると、得られる強度データは頭打ちになる。

また**図5.18**に示すように、耐久劣化試験において初期状態で接着強度が被着材の強度を超えていると、実際には暴露初期に大きな劣化をしていても、劣化を見つけることはできず、ある期間は劣化しないという誤った判断をしてしまうことになる。長期間暴露後の劣化率を求める場合にも、初期強度を低く見積もっているため誤ったデータを出すことになってしまう。

第5章 信頼性の高い接着接合を行うためのポイント 153

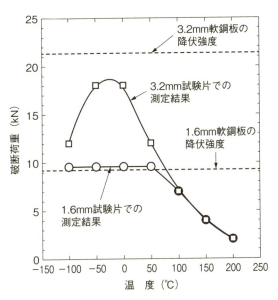

図5.17 接着強度の温度依存性の測定

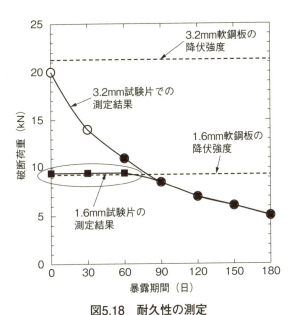

図5.18 耐久性の測定

2.5 耐久性のつくり込み

(1) 耐久性は設計マターである

　接着接合物の信頼性を高くするためには、劣化を抑制することが必要である。そのため、接着剤に過大な要求がなされている場合が多く見られる。しかし、耐久性は接着剤と被着材の表面状態だけで決まるものではない。接着剤の特性を十分に理解した上で、接着部の形状・寸法の設計や接着と他の接合法の併用などにより、必要な性能につくり込むものである。簡単に言うと、少々耐久性が劣っている接着剤でも、設計次第で必要な耐久性を確保することはできるのである。

(2) 耐水性・耐湿性の設計

① 接着部の形状・寸法

　図5.19は、円柱、正四角柱、正三角柱同士を突き合わせ接着した試験片の形状である。接着面積Sはすべて同じである。試験片はいずれも水を通さない同種の金属製で、接着剤も表面処理も同じである。これらの試験片を同じ水分環境に同じ時間暴露後接着強度を測定すると、劣化の程度は同じではなく、正三角形試験片が最も劣化が大きく、円形試験片が最も劣化が小さい。これは、接着部への水分の浸入口は図5.20

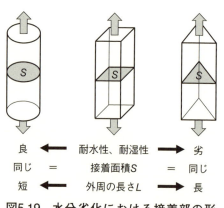
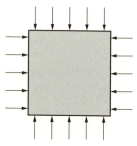

図5.19　水分劣化における接着部の形　　図5.20　接着部への水分の浸入口
　　　　状・寸法の影響

第5章　信頼性の高い接着接合を行うためのポイント　　155

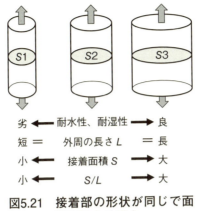

図5.21　接着部の形状が同じで面積が異なる場合

に示すように接着部の周囲であり、接着部への水分の浸入量は接着部の外周の長さ L に比例するためである。接着面積 S が同じでも、形状が異なると外周の長さ L は異なり、面積 S が同じであれば、外周の長さ L は円形＜正方形＜正三角形となる。

図5.21は、径が異なる円柱同士を接着した試験片の接着部である。径が大きくなると、面積 S は径の2乗で大きくなる。このため同一形状の場合は、外周の長さ L が長くなっても単位接着面積当たりの吸水量は低下するため、耐水劣化の程度は面積が大きいほど小さくなる。

以上の点から外周の長さ L が長いほど、また接着面積 S が小さいほど、水分による劣化は大きくなると考えられる。したがって、接着面積 S／外周の長さ L をパラメーターとすると、S/L が大きいほど水分劣化が少なくなると予測される。

図5.22は、接着部が円形、正方形、正三角形のステンレス鋼の突き合わせ引張試験片による耐湿試験の結果である。同じ形状でも寸法を変化させてある。接着剤はSGAで、80℃ 90％RH雰囲気に5日間暴露した後の接着強度保持率を示してある。横軸は、［接着面積 S／接着部の外周の長さ L］である。この結果より、［接着面積 S／接着部の外周の長さ L］をパラメーターとすれば、形状に関係なく S/L で整理することができ、S/L が大きいほど劣化が少ないことがわかる。

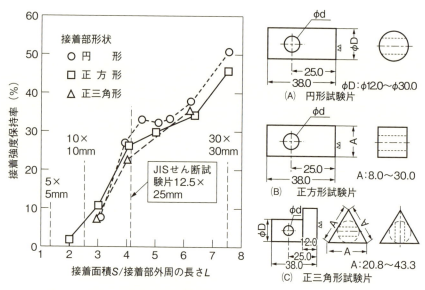

図5.22 S/L と耐湿性の関係（ステンレス、アクリル系接着剤、80℃90% RH5日間暴露後）

　図5.23は、JIS規定の引張せん断試験片のラップ長さだけを変化させた場合の、耐湿劣化試験の結果である。被着材はステンレス鋼板、接着剤はSGAである。この結果からも、ラップ長さを大きくするほど接着面積S/外周の長さLが大きくなり、耐水性は各段に良くなることがわかる。

　S/Lが大きくなるように接着部の寸法設計を行えば、水分に対する耐久性は自由に設計できることを意味する。**図5.24**は、円柱突き合わせ接着部において、円柱の直径を変えずに耐水性を向上させる接着部の構造設計の例である。円柱の内部に接着面積を拡げることにより、S/Lを拡大させて耐水劣化を小さくすることができる。

② 細長い接着部における接着部の幅

　細長い接着部の場合には、接着部への水分の浸入は**図5.25**に示すように、接着部の両辺からのみと考えてよい。幅Wの接着部の両辺からのみ接着部に水分が浸入する場合は、暴露時間t、一辺からの距離xに

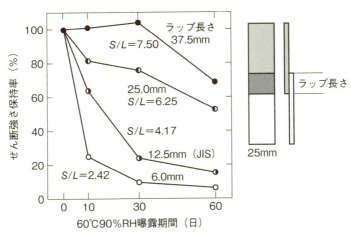

図5.23　引張せん断試験片（幅25mm）のラップ長さを変化させた場合の耐湿性の違いの例（60℃90% RH、ステンレス、アクリル系接着剤）

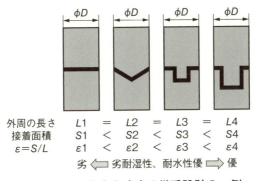

図5.24　S/L を大きくする継手設計の一例

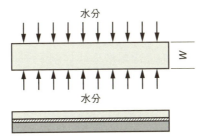

図5.25　幅が W で長さが長い接着部における水分の浸入口

おける吸水率の飽和吸水率に対する比率は、式(5.2) (5.3) という Fick の拡散の式で計算でき、接着部全体における平均吸水率がある一定値に達する時間 t は、幅の変化率の2乗となる。すなわち接着部の幅を2倍に拡げると、時間 t は4倍に伸び、幅を3倍に拡げると時間 t は9倍に伸びることになる。一定の劣化を起こす時間も同様に考えてよい。

$$\frac{M_x}{M_m} = 1 - \frac{4}{\pi} \sum_{j=0}^{\infty} \frac{1}{(2j+1)} \cdot \sin \frac{(2j+1)\pi x}{W} \cdot \exp \frac{-(2j+1)^2 \pi^2 Dt}{W^2}$$

式(5.2)

M_x：時間 t、端部からの距離 x における吸水率

M_m：飽和吸水率

W ：接着部の幅

D ：拡散係数

$$D = \frac{\Delta M^2 \pi}{16 M_m^2 \Delta t} \cdot \frac{1}{(1/W + 1/b)^2}$$

式(5.3)

M：時間 t における吸水率

b ：試料長さ

図 5.26 は、細長い接着部における接着部の幅 W が 12.5mm と 25.0mm の試験片の屋外暴露劣化の試験結果である。屋外暴露における劣化の主要因は水分劣化である。この結果から、幅 W が広い方が劣化が少ないことがわかり、幅 25.0mm の試験片の劣化近似直線(Ⅱ)の傾きは、幅が 12.5mm の試験片の劣化近似直線(Ⅰ)の 1/4 になっている。所定年数後における水分劣化率をあらかじめ設定すれば、必要な糊代寸法は容易に求められる。

③ 致命的損傷が少ない接着系の選択方法

水分劣化における強度低下は、接着部が致命的損傷を受けることによる強度低下と非致命的損傷による強度低下が合わさった結果として表れる。

水分による接着部の劣化の原因としては、①接着界面に水分が浸入して接着剤と被着材の分子間力を切断する、②接着部に浸入した水分により被着材自体が腐食などの劣化を起こす、③接着剤が加水分解を起こ

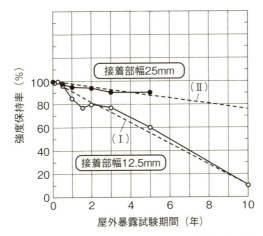

図5.26 細長い接着部における接着部の幅と屋外暴露耐久性の例

す、④接着剤が吸水膨潤して可塑化する、が挙げられる。原因①②③は、水分を乾燥させても元の状態には戻らない致命的損傷であるが、④は乾燥させると元の状態に戻る非致命的損傷である。屋外環境や乾湿が繰り返される環境においては、④は大きな問題ではない。接着剤や素材の材質、表面処理などの選定においては④に惑わされることなく、①②③の致命的損傷劣化が少ない材料を選定することが重要である。

致命的損傷劣化が少ない材料の選定は、吸湿後乾燥させて接着強度の回復性を見る試験で評価できる。**図5.27** は、3種類の接着系 A、B、C の吸水後の強度変化と吸水後乾燥させた場合の強度変化の試験結果の模式図である。

吸水後すぐに強度試験を行う通常の水分劣化試験では、3種類とも同じ劣化状態であり、同一の耐水性と判断される、しかし、乾燥後に強度試験を行うと、破線のように異なった結果となり、水分による致命的損傷劣化が最も少ない接着系はCであることが明確となり、適切な選定ができる。接着系Bの接着強度に着目すると、乾燥によって接着強度が回復した分は、上記の原因④によって強度低下していた分で、乾燥しても強度回復しない部分が、原因①②③による致命的損傷による強度低

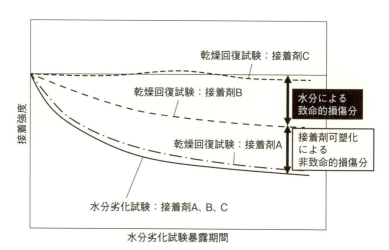

図5.27 耐湿試験では乾燥後の強度測定が重要
〜乾燥して強度が戻る場合と戻らない場合ある

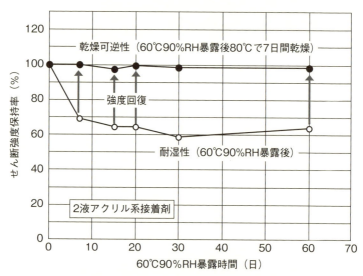

図5.28 乾燥による接着強度の回復の一例

下分ということである。

図 5.28 は、ステンレス鋼板同士を SGA で接着したものの耐湿性試験における乾燥前後の強度変化である。吸水後に乾燥させると、初期の強度まで完全に強度が回復しており、致命的損傷をまったく受けていない

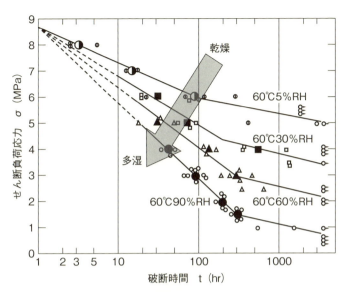

図5.29　60℃における相対湿度とクリープ破断時間

ことがわかる。
　④　クリープ強度は高湿度下で見積もること
　クリープは接着接合物の劣化に大きく影響するため、クリープ強度を正確に見積もることは設計上重要である。
　図5.29は、鋼板同士をSGAで接着した引張せん断試験片の、60℃でのクリープ破断試験の結果であり、相対湿度を変化させている。この結果から温度が同じでも相対湿度が高ければ、クリープ強度は大きく低下することがわかる。設計には、水分劣化を考慮したクリープ強度を用いなければ、思わぬ失敗を起こすことになる。

2.6　複合接着接合法による耐久信頼性の向上

　接着接合部の耐久信頼性を向上させるために、接着剤や表面処理の性能向上だけに頼ることは適切とは言えない。第3章第5節「接着の欠点を補完する複合接着接合法」で述べたように、接着接合の欠点は他の接合法との併用による改善を検討すべきであり、併用接合法を上手に活用

した接合が上手な設計と言える。

3 施工上のポイント

3.1 表面改質による接着信頼性の向上

(1) 表面改質の採用

　部品の表面状態は、材料のロットや製造時の環境、加工条件の変動、保管時の環境・時間などにより変化するため、部品表面の接着性は個々に異なっていると考える必要がある。この表面状態のばらつきを平準化するために表面処理がなされるが、簡単な脱脂程度では接着に適した状態にまで改善し、信頼性に優れた接着ができるとは限らない。接着性が低い表面を活性化して接着性を向上させる処理である表面改質を、接着直前の工程で実施するのが望ましい。

　工程内で簡単に使える表面改質法としては、低圧水銀灯による短波長紫外線照射や大気圧プラズマ処理などがある。図5.30は、プラスチック材料の表面改質のメカニズムの模式図である。①のように、短波長の紫外線やプラズマのエネルギーと空気中の酸素から発生したオゾンによって、表面の有機汚染物は分解されて二酸化炭素と水となって除去される。次に②のように、紫外線やプラズマのエネルギーによってプラスチック表面の分子の結合が切断され、表面が活性となる。

　活性な表面は③のように、すぐに空気中の水分や酸素などと結合を起こし、プラスチックの表面に極性の高い基が生成される。ここに接着剤を塗布すると、④のように接着剤と活性な基との間に、水素結合などの強力な分子間力による結合が形成される。表面が酸化や分解をしない金属やガラスなどでも接着性が大きく向上する。

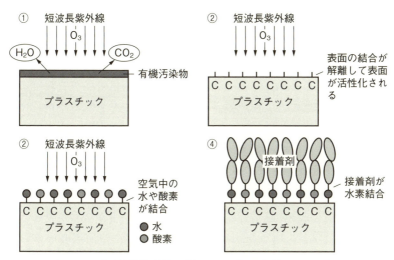

図5.30 短波長紫外線照射による表面改質メカニズム

(2) 表面改質時の注意点

　表面改質においては、表面に吸着できる十分な水分量が空気中に含まれている必要がある。夏期の高湿度期は問題ないが、冬期の乾燥期には水分が不足して十分な量の水が吸着できない。そのため冬期乾燥期には、表面改質装置の周囲を加湿しておく必要がある。

　表面改質後の表面状態は、時間とともに変化する。時間の経過とともに、表面張力の低下や汚れの付着が起こる。金属の場合は、時間経過による変化が早く、処理後数時間で表面張力はかなり低下する。一方でプラスチックの場合は、表面改質により表面の分子構造自体が変化しているため、金属ほど急激に表面張力が低下することはなく、1週間程度放置しても表面改質前の表面張力まで戻ることはない。

　表面張力の低下は、被着材料の材質や表面状態、放置環境により異なり、処理から接着までの許容時間を事前の評価試験で決定することは重要である。表面改質は接着工程の直前に行うのが最適であるが、部品製造工程の最終段階で表面改質を行う場合は、部品製造工程と接着工程を時間的にリンクさせることが重要である。

3.2 部品の接着適性の判定法

　表面改質の操作を行うということと、接着に適した表面状態が確保されているということは、同じ意味ではない。例えば表面改質装置に不具合が生じて、実際には表面改質ができていないこともある。接着に適した表面状態が確保されているかどうかを、接着工程内で判定するには、濡れ指数標準液による接着面の表面張力の測定が有効である。

　接着面の表面張力は、一般に、36mN/m 以上あれば良好な接着ができ、38mN/m 以上あれば信頼性の高い接着ができると言われている。そこで、午前・午後の接着作業の前や部品のロットが変わったときなどに、36～38mN/m の濡れ指数標準液を滴下して、液が濡れ広がるかどうかを判定する必要がある。もし液が濡れ広がらない場合は、表面処理や部品自体に何らかの問題が生じているため、原因究明と対策を行う必要がある。

3.3 プライマーによる処理とプライマーの塗布量

　部品表面の接着性を向上させるために、プライマーやカップリング剤と呼ばれる密着性向上剤を部品表面に塗布することがある。プライマーおよびカップリング剤は、密着性向上剤を溶剤に溶解した低粘度の溶液である。これらは、成分中に部品の表面と結合しやすい官能基と、接着

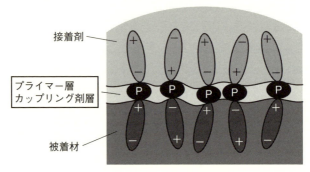

図5.31　プライマーの作用

剤と結合しやすい官能基の両方を持っており、図5.31に示すように作用するので、プライマーおよびカップリング剤は単分子層が理想的である。

一般に、プライマーは刷毛やスプレーで塗布されることが多く、確実に塗布する目的で、多量に塗布されていることが多い。図5.32に示すように、プライマー層が厚い場合はプライマーの分子同士の結合力は低いため、プライマーの層内で破壊することになる。図5.33は、プライマーの塗布量と接着強度、破壊状態の関係の模式図である。プライマー

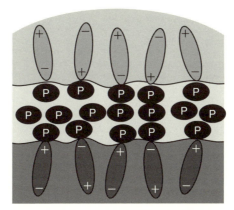

図5.32　プライマーを塗りすぎた場合の状態

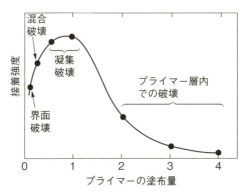

図5.33　プライマーの塗布量と接着強度、破壊状態の関係の模式図

の塗りすぎは厳禁である。プライマーをできるだけ希釈して使用すれば、多量に塗布しても成分の付着量は少なくなるため、塗布作業は容易に行える。

3.4 接着面の粗面化における注意点

　部品表面の接着性を向上させるために、接着面を粗すことがある。面粗しは、表面の汚れや接着を阻害する層の除去、接着面積の増加、アンカー効果（投錨効果）の発現などの利点があるが、欠点も有している。

　構造体の接着に用いられる接着剤は、一般に粘度が高いものが多い。粗面化された面に高粘度の接着剤を塗布して貼り合わせた場合、図5.34(A)のように粗面の谷底まで接着剤を完全に流し込むことは容易ではない。その結果、接着剤と部品表面の接着面積が思ったほど増加せず、あるいは逆に減少して接着強度が低下することもある。谷部に欠陥部が生じると、接着剤によるシール性が低下することもある。

　さらに図5.34(B)に示すように、粗面化に用いる媒体や条件によっては凸部が尖った形になる場合がある。尖った粗面を、硬化後の硬さが硬い接着剤で接着した場合、外力や温度変化が加わると凸部の頂点付近に応力が集中するため、硬い接着剤に亀裂が生じて接着強度や耐久性が低下することがある。鋭利な形状にならない粗面化を行うことが重要である。

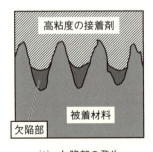 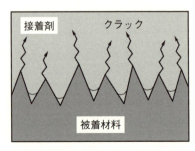

(A)　欠陥部の発生　　　　(B)　接着剤へのクラックの発生

図5.34　表面の粗面化における問題点

3.5 接着作業時の湿度

接着作業時の環境湿度に関しては、高湿度環境は接着に不適で、低湿度環境は好ましいと思われていることが多い。しかし、接着には被着材料の表面に吸着している水分量が大きく影響するため、低湿度環境は好ましくないことが多い。低湿度時には、作業場を加湿するなどの配慮が必要である。

2液室温硬化型のエポキシ系接着剤やアクリル系接着剤は、接着作業時の湿度が高くてもそれほど影響はないが、2液室温硬化型ウレタン系接着剤の場合は、湿度管理はきわめて重要である。これは、接着剤中のイソシアネート成分は水分と反応しやすく、水分と反応して二酸化炭素

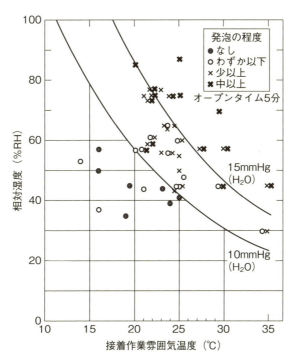

図5.35 2液室温硬化型ウレタン系接着剤の発泡状態に及ぼす接着時の温度・湿度の影響の一例(オープンタイム5分)

を発生する。また、ポリオール成分はきわめて水分を吸いやすいためである。

図 5.35 は、2 液室温硬化型接着剤を混合して接着部に塗布して、5 分間のオープンタイムの後に貼り合わせて硬化させた場合の、作業環境温度・相対湿度と接着剤の発泡状態の関係の一例である。図中の曲線は、水蒸気圧が 10mmHg と 15mmHg を示している。この結果では、接着剤に発泡を生じさせないためには、作業場の水蒸気圧を 10mmHg 以下に管理する必要があることがわかる。すなわち、30℃の場合は相対湿度を 30 % RH 以下に、25℃の場合は相対湿度を 40 % RH 以下に管理しなければならず、接着作業場所を密閉して相当な除湿を行わなければならないこととなる。オープンタイムを短くすることによって許容できる相対湿度は高くなるが、いずれにしても、かなり厳しい管理が必要になることは否めない。

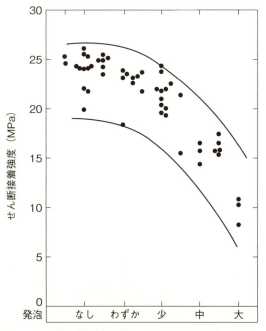

図5.36　2液室湿硬化型ウレタン系接着剤の発泡の
程度とせん断接着強度の関係の一例

第5章　信頼性の高い接着接合を行うためのポイント　　169

　図5.36は、発泡の程度とせん断接着強度の関係の一例である。発泡が多くなると、接着強度が大きく低下することがわかる。

3.6　その他の注意事項

⑴　接着部への空気の巻き込み

　接着剤を塗布して貼り合わせた後に、接着部に気泡が多量に巻き込まれていることがある。多量の空気の巻き込みは、接着欠陥となるため好ましくない。接着部全体に接着剤が均一な厚さに広がるように、接着剤を接着部全体に薄く拡げて塗布して貼り合わせることがある。しかし、薄く拡げた状態で面と面を貼り合わせると、接着部に多量の空気を巻き込むこととなる。接着剤を薄く拡げて塗布することは避けるべきである。

　空気を巻き込まないためには、接着部の中央部付近に接着剤を盛り上げた状態で厚く塗布し、相手部品を貼り合わせて圧縮する段階で接着剤を接着部全体に押し拡げていく必要がある。なお、接着剤を押しつぶして拡げていく際に、接着剤で閉ざされた空間ができないように、接着剤の塗布パターンを決めておくことも大切である。

⑵　接着剤中への空気の溶け込み

　あらかじめ脱泡した接着剤を塗布して貼り合わせたにもかかわらず、接着部に気泡が発生することがある。接着剤塗布装置において、接着剤を空気加圧で圧送すると、接着剤中に空気が溶け込むことになる。空気の溶け込み量は、空気圧が高いほど、温度が低いほど多くなる。空気が溶け込んだ接着剤を塗布すると、接着剤に加わっていた圧力が開放されるために、溶け込んでいた空気が気泡となって現れる。

　接着剤の硬化のために加熱されると、発生気泡の量は多くなる。接着剤への空気の溶け込みをなくすためには、接着剤の加圧面にプランジャーやフィルムなどを入れて空気との直接の接触を避ける必要がある。

(3)　加圧力

　接着する部品の接着面同士が隙間なくピタリと合わさることは少ない。接着剤を塗布して貼り合わせ後に、接着層が薄くなるように部品に加圧力を加えて押さえつける。溶接のように部品の変形を矯正して、接着面同士がピタリと合わさるほど高い加圧力を加えると、接着層は薄くなる。しかし、接着が硬化して加圧を解除すると、加圧力によって変形していた部品は元の形状に戻ろうとするため、接着層には部品のスプリングバック力が作用する。スプリングバック力は、常時接着部に作用するためクリープ力として作用し、耐久性を低下させる原因となる。

　接着の基本は部品を自然体で接合することであり、部品を変形させるほどの加圧を行うことは厳禁である。もし、部品の変形が大きすぎて接着層に大きな隙間ができる場合には、部品の製造工程の見直しや変形の修正作業が必要である。

(4)　二度加圧

　接着面に接着剤を塗布した後、部品の位置決めと接着剤を押し拡げるために、部品を押さえつけることがある。その後、いったん押さえつけを解除して、リベット締結やスポット溶接あるいは治具で圧締して接合部を固定する。

　この一連の操作の中で、最初の押さえつけ時に部品を変形させるほど大きな力を加えてしまうと、押さえつけをいったん解除した際に部品が元の形状に戻るため、接着層の厚さが厚くなり、接着部に周囲の空気を引き込むこととなる。次に加圧しても引き込んだ空気は完全に押し出されないため、接着部には**図 5.37** に示すような欠陥部が生じることとなる。

　このような空気の引き込みによる欠陥部には水が溜まりやすいため、耐久性が大きく低下する。一度加圧力を加えた後にいったん加圧を解除して、再び加圧する「二度加圧」は厳禁である。

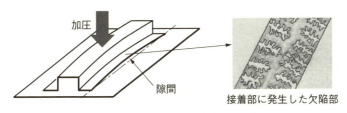

図5.37　二度加圧による空気の引き込み

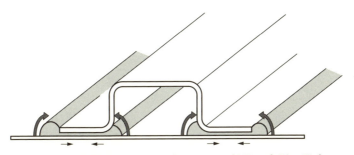

図5.38　接着剤のはみ出し部における部品の変形の発生

(5) **接着剤のはみ出し**

　接着剤の塗布量は、貼り合わせ後に接着部の周囲全体に接着剤がわずかにはみ出す程度が最適である。接着剤のはみ出し部は、シール剤として作用するため耐久性の向上に有効である。また、強度的にも信頼性向上に寄与する。

　しかし、接着剤のはみ出し部は盛り上がった状態となり、体積が大きいため硬化収縮力は大きい。このため図5.38に示すように、薄板接着においては、接着剤のはみ出し部において部品の意匠面にひずみや変形を生じる場合がある。多量のはみ出しは不適当である。

(6) **可使時間**

　現在、自動車の車体組立で使用されている接着剤は、加熱硬化型接着剤が一般的であり、加熱するまで接着剤は反応しない。このため、接着剤の塗布から加熱までの時間はそれほど問題にはならない。今後のマルチマテリアル化においては、2液室温硬化型接着剤が主流となると思わ

れ、この場合は、接着剤の混合開始から貼り合わせ、圧締終了までの作業時間が重要となる。

　接着剤の混合開始から貼り合わせ、圧締終了までの作業可能時間を可使時間と呼んでいるが、可使時間を超えて接着作業を行うと、接着強度や耐久性の低下を引き起こすこととなる。可使時間は短時間硬化型接着剤ほど短く、夏期高温時にはさらに短くなる。複合接着接合法を用いれば、短時間硬化性はさほど重要な因子ではなくなるため、可使時間が長い接着剤を用いることができる。短時間硬化性を重視しすぎることは不適当である。

(7)　加温は部品の接着部を加熱する

　室温硬化型接着剤を短時間で硬化させるために、圧締後に加温する場合がある。部品を貼り合わせた後に加温する場合、接着剤は部品にはさまれた内部にあるため、接着部まで熱が伝わるには時間を要する。接着剤を塗布しない方の接着面だけを、接着前に加温することは容易である。他方の部品に接着剤を塗布した後に加温された部品と貼り合わせることで、加温時間の大幅な短縮が可能となる。

(8)　急速硬化、急冷はひずみの元

　接着剤を急速に硬化させると硬化収縮応力が大きくなり、部品に変形やひずみが生じやすくなる。これは硬化時間が短いことで、硬化過程で発生する硬化収縮応力が緩和される時間が十分に取れなくなるためである。接着層に大きな内部応力が残っていると、接着強度や耐久性の低下も起こるため、むやみな急速硬化は避けるべきである。

第6章

機能、生産性、コストを並立させる接着剤

　これまでの車体組立工程においては1液加熱硬化型接着剤が多用されており、2液型接着剤や室温硬化型接着剤はほとんど使用されていないため、2液型や室温硬化型は嫌われる傾向にある。しかし、マルチマテリアル化で部品の素材自体が変わろうとしている今、接着剤の形態や扱い方が変化するのは避けて通れないことである。
　第4章で、自動車のマルチマテリアル化に適した接着剤として室温硬化型のエポキシ系接着剤、ウレタン系接着剤、アクリル系接着剤（SGA）が候補であり、中でもラジカル反応で硬化するアクリル系接着剤が有望であることを述べた。本章では、室温硬化型アクリル系接着剤（SGA）の特徴と諸特性を、エポキシ系、ウレタン系接着剤と比較しながら示す。

2液室温硬化型アクリル系接着剤（SGA）の種類

　1970年代に米デュポン社が、従来のアクリル系接着剤に比べ、取り扱いやすさと性能が向上した主剤とプライマーの2液型アクリル系接着剤を開発し、第2世代アクリル系接着剤（Second Generation Acrylic adhesive)と名付けたのがSGAの始まりである。SGAは、変成アクリル系接着剤とも呼ばれている。

SGAには、2液主剤型とプライマー・主剤型がある。2液主剤型はA剤、B剤ともに液状またはペースト状であり、両液を混合または接触させて使用する。配合比は1:1のものが多いが、10:1のものなどもある。プライマー・主剤型は一方が低粘度の溶液であり、一方が液状またはペースト状のものである。接着する面にプライマーを塗布して、溶剤を乾燥させた後に、主剤を塗布して使用する。主成分のアクリル樹脂にMMA（メチルメタアクリレート）を使用したものが一般的だが、最近ではMMAを用いず低臭気にしたものも増加している。

ここでは、最も多用されている配合比が1:1の2液主剤型SGAを中心に述べる。

2液主剤型SGAの諸特性

2.1 成分と硬化反応

図6.1に示すように、配合比が1:1の2液主剤型SGAの主成分は、アクリル樹脂とエラストマー（ゴム）成分である。一方の液には硬化触媒として少量の酸化剤が、もう一方の液には少量の還元剤が添加されている。両液の違いは少量の硬化触媒だけであり、両液はほとんどが同じ成分である。この点がエポキシ系接着剤やウレタン系接着剤とは大きく異なる点で、後に述べるように種々の利点につながっている。

SGAの硬化は図6.2に示すように、酸化剤と還元剤が接触することで酸化還元反応が起こり、ラジカルが発生して連鎖反応的にアクリル樹脂が硬化していく。酸化剤と還元剤が接触したところから連鎖反応で硬化するため、2液を完全に混合しなくても、重ね塗布や別塗布でも使用できるという大きな特徴がある。ただし、接着部からの硬化距離は数

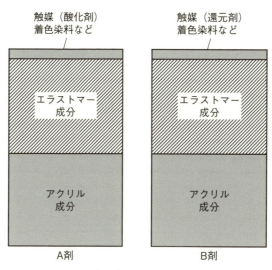

図6.1　2液主剤型 SGA の成分構成

mm 程度までである。

　エポキシ系接着剤やウレタン系接着剤では、図6.3 に示すように主剤の分子と硬化剤の分子が隣接することにより付加反応で硬化するため、主剤と硬化剤を十分に混合することが必須である。SGA では、酸化剤と還元剤が接触してラジカルが発生すればよく、酸化剤と還元剤の量比が大きくずれても問題ないが、エポキシ系やウレタン系では量比がずれると未硬化部分が生じるため、厳密な計量が必要である。

　SGA では、2液が簡易混合や重ね塗布、別塗布などで硬化すると、A剤リッチな部分と B剤リッチな部分で硬化物の物性に違いが出るとの懸念があるが、先に述べたように配合比が 1:1 の 2 液主剤型 SGA では、「両液の成分は、少量の触媒以外は同じ組成である」という点が大きく功を奏し、均一な硬化物が得られる。

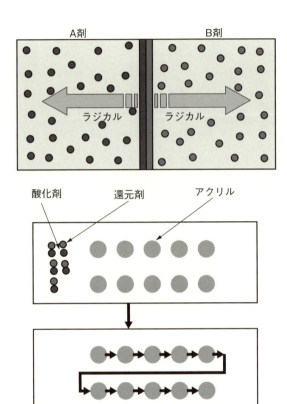

図6.2 2液主剤型 SGA のラジカル硬化反応

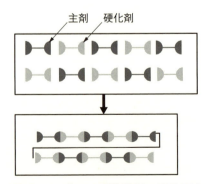

図6.3 エポキシ系接着剤の硬化反応

第6章 機能、生産性、コストを並立させる接着剤 177

2.2 作業性

(1) 油面接着性

SGA の最大の特徴は、多量の油が付着した面でも強固な接着ができる点である。現在、自動車の車体組立に使用されている1液加熱硬化型エポキシ系接着剤は油面接着性を有しているが、2液室温硬化型エポキシ系接着剤や2液室温硬化型ウレタン系接着剤では、基本的に油面接着性はなく、室温硬化型接着剤で優れた油面接着性を有するのは、SGAだけである。

鋼板部品を脱脂する場合、接着部だけを選択的に脱脂することは手間がかかるため部品全体を脱脂すると、接着後に接着していない部分に錆が発生し、後工程での支障となる。自動車鋼板部品の接着では、油面接着性は必須の条件である。エレベーターの扉や壁のパネル、制御盤や配電盤などの金属筐体、高速列車の空調装置枠体、駅ホームの可動安全扉などの組立では、脱脂は行わず、ウエスで汚れを除去するだけで接着組立がなされている。

写真 6.1 は、防錆油が流れるほど多量に付着した鋼材と鋼板を、SGAで接着したものの破壊面の状態であるが、接着剤は両面に強く接着しており、接着剤の中での完全な凝集破壊になっている。図 6.4 は、各種の油を塗布した鋼板を SGA で接着した場合のせん断接着強度である。いずれの油に対しても、脱脂したものと同等の接着強度と優れた凝集破壊性を示していることがわかる。

(2) 短時間硬化性

2液型のエポキシ系接着剤、ウレタン系接着剤、アクリル系接着剤のいずれも、室温で5分間程度で実用強度まで硬化するものは存在している。しかし、2液室温硬化型接着剤で硬化時間を短くすると、可使時間（接着剤の混合から貼り合わせ終了までの作業可能時間）も短くなるため、作業に支障を生じることとなる。可使時間が長く硬化時間が短い接着剤が理想であるが、エポキシ系接着剤やウレタン系接着剤では一般

写真6.1 SGAの油面接着性
（ハードロックNS700M-20、電気化学工業㈱製）

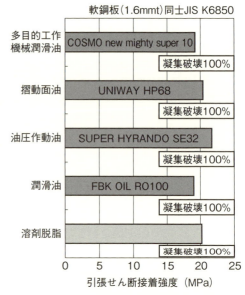

図6.4 各種の油を塗布した面でのSGAの引張せん断接着強度（低臭気タイプSGAハードロックNS700M-20：電気化学工業㈱製）

に、実用強度が得られるまでの硬化時間は可使時間の12～16倍程度である。例えば、可使時間が5分の接着剤であれば、硬化には60～80分ほどかかる。

SGAはラジカル連鎖反応で硬化するため、実用強度に達するまでの硬化時間は可使時間に対して3～4倍程度と短いのが特徴である。可使時間が5分の接着剤であれば、15～20分で硬化する。硬化時間が60～80分の接着剤では、20分程度の可使時間が取れる。圧縮を外して次の工程に移れる初期硬化までの時間（固着時間）はさらに短い。

図6.5は、硬化速度が異なる3種類のSGAの可使時間と、固着時間（12.5×25mmの面積で4kgのせん断強さに達するまでの時間）の温度特性を示したものである。雰囲気温度によらず、固着時間と可使時間の差はほぼ一定であることがわかる。これは、SGAのラジカル反応は硬化反応が開始するまでの誘導時間は温度によって変化するが、誘導時間

第6章 機能、生産性、コストを並立させる接着剤 179

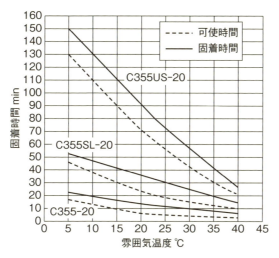

図6.5 SGAの可使時間と固着時間の関係（構造用SGA：ハードロックC355シリーズ：電気化学工業㈱製）

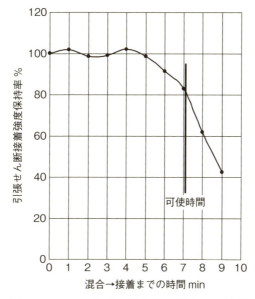

図6.6 SGAにおける接着剤の混合から接着までの時間と接着強度の変化の例

経過後は温度にあまり影響されず、急速に反応が進むためである。

　図6.6に示すように、可使時間を超えての貼り合わせ作業は接着強度が大きく低下するため、可使時間には余裕を持たせておくことが重要である。可使時間は夏期の作業場の最高温度を基準に、固着時間は冬期の作業場の最低温度を基準に決める必要がある。

　接着される部品を予熱したり、貼り合わせ後に加温したりすれば、硬化時間を短縮することが可能である。しかし、加温工程には時間や設備が必要であるため、季節に合わせて、夏用と冬用の2種類の接着剤を使い分けることが効果的である。SGAはエポキシ系接着剤に比べて、低温での硬化性にも優れており、冬期の接着作業においても加温はほとんど行われていない。

(3) 配合比
　① 許容範囲の広さ
　2液型のエポキシ系やウレタン系接着剤では、主剤と硬化剤の厳密な計量が必要であるが、SGAはラジカル連鎖反応で硬化するため、配合比の許容範囲が非常に広いことも大きな特徴の1つである。図6.7は、SGAとエポキシ系接着剤の配合比と接着強度の関係の比較である。

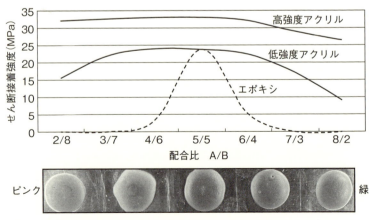

図6.7　2液主剤型SGAの配合比と接着強度の関係および色による
　　　　配合比の可視化

SGA では、A 剤：B 剤が 3：7〜7：3 程度に振れても、接着強度の変化は少ないことがわかる。

② 配合比の可視化

2 液主剤型 SGA は、A 剤と B 剤を区別しやすくするために、一般に着色されている。図 6.7 に示すように、配合比や混合度合いが変化すると混合色が変化し、混合された接着剤の色を見るだけでおよその配合比や混合状態を知ることができる。配合比別の色見本をつくっておくことで、接着剤や塗布装置の管理を容易に可視化できる。

(4) 混合の簡易さ

2 液型のエポキシ系やウレタン系接着剤を手作業で使用する場合には、容器内で 2 液を厳密に計量・混合したり、2 連式シリンジに充填してスタティックミキサーと呼ばれる混合管を用いて混合したりして、接着面に塗布する。一方、SGA では計量容器を用いず、A 剤と B 剤を直接接着面に目分量で同量塗布し、ヘラなどで簡易混合して接着できる。

(5) 塗布方法の多様さ

SGA は、2 液の接触でラジカル連鎖反応により硬化が進行するため、**図 6.8** に示すように多様な塗布方法が使用できる。図 6.8 (A)は手作業で小さな部品を接着する場合によく用いられているが、エポキシやウレタンのように容器中での混合はせず、接着面に直接 2 液をほぼ同量塗布し、ヘラなどで簡易混合して接着する方法である。大きな部品や長い部品を接着する場合は、図 6.8 (B)のように塗布装置の先端にスタティックミキサーを取り付けて混合塗布するが、混合管の混合エレメントの数は 7〜12 コマ程度で十分である。エポキシ系接着剤やウレタン系接着剤の場合は、一般に 24 コマ以上が必要である。

図 6.8 (C)(D)は、2 液非混合での接着方法である。(C)は接着部に 2 液をビード状や平面状に重ねて塗布する方法で、(D)は接着する両面に 2 液を別々に塗布して貼り合わせる方法である。(D)に示した 2 液別塗布を行えば可使時間の制限はなくなるため、硬化反応の早い組成の接着剤を使用

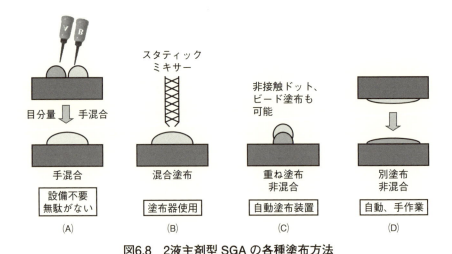

図6.8 2液主剤型 SGA の各種塗布方法

することができる。

　非混合塗布方法は、2液の重なり具合が悪いと未硬化が生じやすいため、手作業には適していない、これは自動化に適した方法であり、永久磁石の接着やパネルの補強材接着などで実用化されている。また非混合塗布の場合は、接着層の厚さが厚くなると硬化しにくくなるので要注意である。

(6) 塗布装置
　① 計量ポンプが不要
　2液型のエポキシ系やウレタン系接着剤では、主剤と硬化剤の正確な計量が必要なため、定量性に優れたプランジャーやギアポンプ、モーノポンプなどの計量ポンプが必要である。主剤と硬化剤の粘度が類似し、配合比率も類似していれば、混合はスタティックミキサーで可能であるが、粘度や配合比率が大きく異なる場合には機械的に混合するダイナミックミキサーを用いる必要がある。
　SGAでは、先に述べたように配合比や混合度合いの許容範囲が広く、塗布装置に定量ポンプを組み込む必要はない。また、混合も短いスタティックミキサーで十分であるため、塗布装置の構造が簡易でメンテナ

第6章　機能、生産性、コストを並立させる接着剤　　183

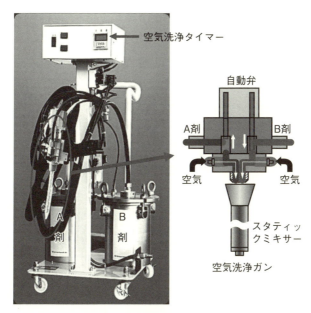

図6.9　空気洗浄式塗布装置

ンスも容易である。

　ロボットで塗布する場合は、ロボットハンドに取り付ける塗布ガン部分は軽量であることが求められる。計量ポンプからミキサー部までの長さが長くなると定量性にばらつきが生じることがあり、ミキサーからノズル先端までの長さが長くなると、混合液の供給チューブやノズル内でのゲル化や硬化を起こしやすくなる。計量ポンプやダイナミックミキサーを用いないSGAはロボット塗布に適している。

②　ミキサーの硬化防止（空気洗浄）

　2液室温硬化型接着剤の塗布装置で問題となるのは、塗布作業中断時のミキサー内でのゲル化や硬化である。2液混合塗布機でのミキサー内硬化防止策として、吐出終了後一定時間が経過すると、新しく混合された接着剤で古い接着剤を押し出すアンチゲルタイマー方式が多い。しかし、硬化時間が短い接着剤で停止時間が長くなると、接着剤の廃棄量が増えることになる。混合された接着剤の廃棄量が多くなると、破棄容器内に溜まった接着剤が反応発熱を起こして発煙や臭気を発生させる。

また図6.9に示すように、吐出終了後一定時間が経過すると、ミキサー内の接着剤を空気で押し出す空気洗浄式塗布機もある。空気洗浄式でも完全にミキサー内の接着剤を除去することはできないため、停止時間が長くなるとミキサー壁面などに残った接着剤がゲル化を起こす。吐出終了後に主剤または硬化剤の一方の液のみを流して、ミキサーに滞留した混合物を押し出す方法もある。この場合は、長時間停止してもミキサー内でのゲル化は起こしにくいが、再度吐出させる際には、混合液が流れてくるまで捨て打ちを行う必要がある。

　SGAは、アクリル系の接着剤であるため、空気に触れていると硬化しにくい嫌気性的な性質も有している。そのため、空気洗浄式塗布機では、いったん空気でミキサー内の残留混合液を排出した後、空気を流し続けておくと管壁などに少量残った接着剤が少しずつ空気で動かされ、長時間の停止でもゲル化や硬化を起こすことはない。再塗布時の捨て打ちも不要で、1液型接着剤の感覚で使用できる。

　2連式のカートリッジガンなどを用いて手作業で塗布する場合には、塗布終了後にスタティックミキサーをガンから外し、スタティックミキサーが取り付くようにしたエアガンで空気洗浄することも可能である。

③　温度による粘度変化

　配合比が1：1の2液主剤型SGAは両液の成分がほとんど同じであ

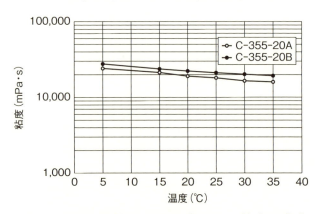

図6.10　2液主剤型SGAの温度による粘度の変化
　　　　（ハードロック C355-20、電気化学工業㈱製）

るため、図 6.10 に示すように粘度が環境温度によって変化しても、両液の粘度は常に同じように変化する。定量ポンプや温度調整を持たない塗布装置でも、作業環境温度の変化による配合比ズレを回避することができる。

(7) はみ出し部の硬化性

SGA はアクリル系接着剤であり、嫌気的な性質を有していることは先に述べた。嫌気的性質があれば、接着剤がはみ出した部分は硬化しにくくなるという問題が生じる。この問題を解決するために、SGA でははみ出した接着剤の表面に析出し皮膜を形成して、空気との接触を遮断する機構が組み込まれている。

この機構により、嫌気的性質を感じることなく作業することができる。ただし、硬化の途中ではみ出した接着剤の表面を触るなどして皮膜を破ると、その部分は硬化しにくくなる。したがって、はみ出し部を手で触ったり工具で突いたりして硬化状態を確認することは不適当である。

(8) 硬化状態の可視化

還元剤には有機系と金属系があるが、金属系還元剤を用いた SGA では図 6.11 に示すように、混合や硬化の進行に伴い接着剤の色が変化す

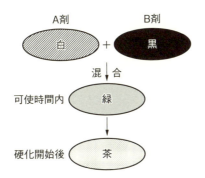

図6.11　硬化状態による接着剤の色の変化
　　　　（低臭気タイプ SGA ハードロック
　　　　NS700シリーズ（電気化学工業㈱
　　　　製））

る。色の変化によって、混合の状態や硬化の進行を可視化することができる。

(9)　接着層厚さの管理

　構造用途に使用されている SGA では、接着層の厚さを一定に保つためのスペーサーが添加されているものが多い。スペーサーの大きさは、直径 0.1mm や 0.2mm などがある。材質はガラスビーズや樹脂ビーズがあるが、内部応力の緩和の点からは樹脂ビーズが適している。

　スペーサーの役割は、剥離強度や衝撃強度の低下防止、外力やヒートサイクルなどの熱応力の緩和、異種材接着における母材の接触回避による電食防止などである。

(10)　作業環境の影響

　室温硬化型のエポキシ系、ウレタン系、アクリル系接着剤は、いずれも作業環境の温度により硬化速度が変化する。エポキシ系接着剤は、一般に 10℃以下では硬化の進行がきわめて遅くなるので、冬期は加温が必要である。SGA はエポキシ系接着剤より低温硬化性に優れているため、10℃以下でも硬化は可能である。

　エポキシ系とアクリル系接着剤では、作業環境の湿度による影響はほとんどなく特別な湿度対策は不要である。しかし、2 液型ウレタン系接着剤の場合は、湿度の影響が非常に大きく要注意である。硬化剤のイソシアネートは水分と反応して二酸化炭素を発生させるため、手作業での混合や、塗布から貼り合わせまでの空気に触れている時間が長いと接着剤が発泡することがある。

　また、主剤のポリオールは空気中の水分を吸水しやすいため、容器の蓋を開けておくと水分が多量に混入することとなる。水分を吸ったポリオールとイソシアネートを混合すると、発泡を起こすこととなる。2 液型ウレタン系接着剤の作業場は、空調により低湿度に維持することが必要である。また、塗布装置に使用する空気は、乾燥空気を使用する必要がある。

2.3 強度特性

(1) 海島構造

SGA の主成分はアクリル樹脂とエラストマー（ゴム）成分であることを述べたが、硬化後は写真 4.1 に示したように均一な混合物ではなく、海島構造と呼ばれる構造になる。黒く見えている海の部分は柔らかいエラストマー、白い島は硬いアクリルである。なお、海と島の境界部では結合が生じている。このような海島構造になることによって、1＋1＝3 の強度特性が得られる。

海島構造は、エラストマー変成された 1 液加熱硬化型エポキシ系接着剤でも見られる。エポキシ系接着剤では一般に、海の部分が硬いエポキシ樹脂、島の部分が柔らかいエラストマーとなり、SGA とは逆の構造となる。2 液室温硬化型エポキシでは、硬化中に海島構造の形成はできにくい。このため、エポキシ樹脂中にエラストマー粒子を添加することで、類似の硬化物構造を形成させるものもある。

海島構造により応力緩和や衝撃吸収ができるため、せん断や引張、剥離、衝撃のいずれの力にも強くなる。

(2) 接着強度のバランス

図 5.14 に示したように、一般にせん断接着強度および引張接着強度と、剥離強度、衝撃強度とは、接着剤の硬さや伸びに対して逆の相関となる。あらゆる力に対してバランスの取れた接着を行うためには、中程度の硬さの接着剤を使えばよいが、いずれの強度も中程度となる。SGA の場合は、本項(1)で述べたように海島構造となっているため非常に強靱な物性となり、せん断および引張、剥離、衝撃ともに非常に優れた接着強度を発揮することができる。**写真 6.2** に示すように、ゴルフクラブのヘッドとシャフトの接着にも使われていることを考えると、SGA の衝撃強度の高さは理解できるであろう。

写真 3.3 にアルミ板とアルミ補強材を SGA で接着して、電着塗装したものを強制破壊している状況を示したように、大きなハンマーで叩い

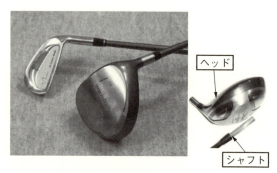

写真6.2　SGAによるゴルフクラブのヘッドとシャフトの接着組立（写真提供：電気化学工業㈱）

たりくさびを打ち込んだりバールでこじったりしても、剥離強度がきわめて高いため容易には破壊できない。

(3) **被着材料との相性**

　どんな材料にでも接着できるという万能接着剤はない。SGAは配合組成によるが、金属やプラスチックとの相性が良い接着剤である。金属構造物では、写真3.4に示した車輌空調装置の枠体組立、写真3.1、3.2に示した高精度大型宇宙電波望遠鏡の反射板組立、写真3.5に示した筐体類の組立のように多くの適用実績がある。複合材料においても、FRP船の組立や自動車部品の組立、風力発電のブレードの組立など多くの適用実績がある。

　SGAに限ったことではないが、被着材料の表面状態と接着剤との相性には多くの因子が影響するので、適用に当たっては材料選定や接着前処理などの最適化は必要である。ポリエチレンやポリプロピレンは、安価で高性能な材料として多用されているが、極性が低く、結晶性であるため表面張力が低く、基本的に接着できない材料である。しかし、ポリエチレンやポリプロピレンを前処理なしで強固に接着できるSGAも開発・実用化されている。

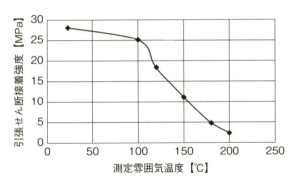

図6.12 高温用SGAの温度とせん断強さの関係
(被着体:SPCC-SD 試験片表面処理:アセトン脱脂)
(ハードロックG672-15P、電気化学工業㈱製)

(4) 高温強度、低温強度

SGAは高温での接着強度が低いと思われていることが多いが、高温・高トルクで回転するモーターのローター鉄心と、線膨張係数がほぼゼロのネオジウム系永久磁石の固定にも使用されており、高温強度、回転・停止・逆転による繰り返し疲労強度、高温と低温のヒートサイクルなどに優れたものもある。図6.12は、高温用SGAの温度とせん断強さの関係である。150℃においても11MPaの高いせん断接着強度を有している。

また、低温環境で振動が加わる用途でも使用されている。先に述べた高速列車の車輌空調装置は、車輌の床下に吊されて中国北部の寒冷地などを走行しているが、接着部に問題は生じていない。

(5) 振動吸収性

第3章第3節に示した図3.7と表3.2は2液型SGA(ハードロックC355-20(電気化学工業㈱製))であるが、これらの結果よりSGAによる接着では、溶接より高い固有振動数とばね定数比(剛性)が得られるとともに、振動吸収性により応答倍率が溶接よりも低くなっていることがわかる。

(6) 傾斜機能の付与

　第4章の3.4項で述べたように、複合材料の表層での破壊や、塗装やめっきの剥離、割れやすい材料の低強度での破壊などを防止するために、接着層内で接着剤の弾性率やガラス転移温度を変化させることが考えられる。SGAは配合比の許容範囲が非常に広いため、2液異組成として配合比を変化させることにり、図4.5に示したように弾性率やガラス転移温度を連続的に変化させることが容易にできる。

2.4　耐久性

(1) 屋外暴露耐久性

　図6.13は、各種の金属をSGAで接着したものの、屋外暴露における剥離強度の変化を示したものである。この結果から、SGAは優れた屋外耐久性を有していることがわかる。写真3.1、3.2に示した直径20mの高精度宇宙電波望遠鏡では、アルミ製の反射板の裏面にアルミ製の補強枠が接着だけで取り付けられている。台風も頻繁に来襲する離島の海洋性気候環境で使用されているが、運用開始後15年が経過しても、接着部にはまったく損傷は生じていない。

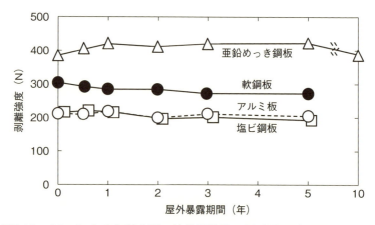

図6.13　SGAによる各種金属の接着試験片の屋外暴露試験結果
　　　　（接着部幅25mm）（ハードロックC355-20、電気化学工業㈱製）

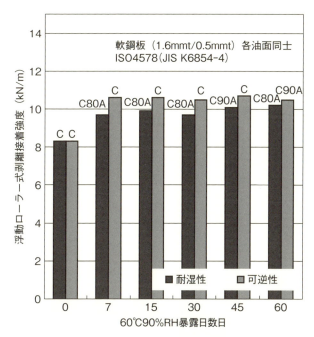

図6.14　SGA の耐湿性、乾燥可逆性試験結果
　　　　（ハードロック C390S-20、電気化学工業㈱製）

(2) 耐湿性、乾燥回復性

図 6.14 は、2 液主剤型 SGA で鋼板同士を油面で接着した剥離試験片における耐湿性試験と、湿度中に暴露後 80 ℃で 7 日間乾燥させた後の乾燥可逆性試験の結果である。この結果から、60 ℃ 90 % RH に 60 日間暴露しても剥離強度の低下は見られず、乾燥後の破壊状態はほぼ 100 %凝集破壊を示しており、優れた耐湿性を有していることがわかる。

(3) 耐熱劣化性

図 6.15 は、2 液主剤型 SGA の 150 ℃、180 ℃、200 ℃、220 ℃における連続暴露の結果である。SGA は 150 ℃半年間の連続暴露で強度低下はまったく見られず、優れた耐熱劣化性を有していることを示している。

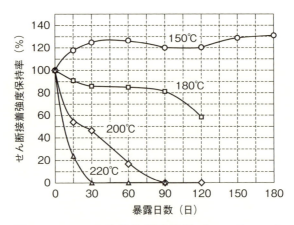

図6.15 SGA の熱劣化試験結果（ハードロック G672-15P、電気化学工業㈱製）

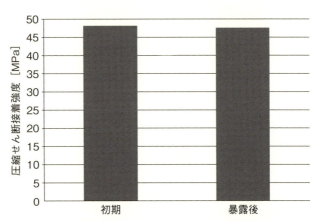

図6.16 SGA のヒートショック試験結果（−45℃↔＋120℃、24サイクル）（ハードロック G672-15P、電気化学工業㈱製）

(4) 耐ヒートサイクル性

図 6.16 は、ガラス転移温度が 163 ℃の 2 液主剤型 SGA（ハードロック G-672-15P 電気化学工業㈱製）を用いて、線膨張係数がゼロのネオジウム系焼結磁石と鋼ブロックを接着し、−45 ℃と＋120 ℃間でヒートサイクルを 24 サイクル実施した結果である。この結果から、ガラス転

第6章　機能、生産性、コストを並立させる接着剤　　193

移温度が高い SGA でも優れたヒートサイクル性を持つことがわかる。

(5)　疲労特性

　図 3.5 で示した疲労試験に用いた接着剤は、2 液主剤型 SGA（ハードロック C355-20、電気化学工業㈱製）である。スポット溶接やアーク溶接、リベット締結に比べて、板厚を薄くしても優れた疲労特性を示していることがわかる。SGA の繰り返し疲労については、モーターの回転ローターの永久磁石接着や高速列車の車輌空調装置の板金枠体などで実証されている。

(6)　応力緩和特性、クリープ特性

　接着部に力が加わって、接着部に変位が生じると、接着部の端部に応力が集中する。接着端部の応力集中が大きければ、接着部の破壊や複合材料での表層破壊、塗装やめっき層の剥がれなどが起こりやすくなる。接着剤が硬いほど接着部端部での応力集中は大きくなる。接着剤が柔らかければ、応力集中は少ないが、変位が大きくなり、接合部の強度が低下する。

　2.1 項および 2.3 項(1)で述べたように、SGA はエラストマー（ゴム）とアクリル樹脂が海島構造となっているため、硬さと柔らかさを兼ね備えた強靱性を有している。エラストマー（ゴム）がマトリックスになっており、外力や熱応力、硬化収縮応力などの応力が加わったとき、マトリックス（ゴム）層が急速に変形して応力を緩和する作用に優れている。

　応力緩和性に優れていることは、その一方でクリープに弱いことを示している。クリープ耐久性を向上させることは重要であるが、エポキシ系接着剤でもウレタン系接着剤でも同様で、樹脂である以上、特に高温でのクリープをなくすことはできない。そこで図 3.11、3.12 に示したように、複合接着接合によってクリープ耐久性を向上させることが効果的である。

2.5 その他の特性

(1) スポット溶接性

　鋼板や亜鉛めっき鋼板の接合においては、接着剤とスポット溶接を併用するウェルドボンディングが行われることが多い。SGA のウェルドボンディングについては、第 3 章の 5.2 項(2)や写真 3.4 示した高速列車の車輌空調装置枠体での事例のように、問題なく行うことができる。

(2) 硬化収縮歪み、変形

　SGA の硬化収縮率は、エポキシ系接着剤やウレタン系接着剤より一般に大きい。接着剤が硬化収縮を起こすと硬化収縮応力が発生し、部品にひずみや変形を生じさせることになる。2.4 項(6)で述べたように、SGA はエラストマー（ゴム）がマトリックスとなっているため、硬化収縮で接着層に生じた応力により、接着剤が応力緩和を起こしやすい。

　そのため、硬化収縮率が大きいにもかかわらず部品のひずみや変形は小さい。実際、写真 3.1、3.2 に示した直径 20m の高精度宇宙電波望遠鏡では、直径 20m の反射鏡全体での鏡面精度は 0.25mm 以下が必要であり、約 3×2m の単体パネルでの鏡面精度は 0.15mm 以下が必要であるが、反射パネルと補強枠は 2 液主剤型 SGA で接着されている。

　室温硬化型接着剤を 50～80℃程度に加温して硬化を促進させる場合は、室温までの冷却時に、両部品の線膨張係数の違いによって接着部には熱応力が発生し、ひずみや変形を起こしやすくなる。また、急速硬化や加熱後に急速冷却を行うと、応力緩和時間が短くなるため内部応力は高くなり、ひずみや変形を生じやすくなる。SGA は低温硬化性に優れ、可使時間に対する硬化時間の比率が小さいため、硬化促進を目的をする加熱は不要である。

(3) 後加工性

① 焼付け塗装性

　2.4 項(3)で、SGA は長期耐熱劣化性に優れていることを述べたが、電

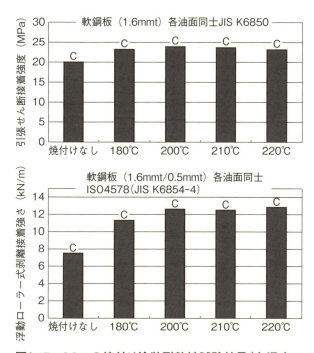

図6.17 SGAの焼付け塗装耐熱性試験結果（各温度に60分間暴露）
（図中の記号Cは凝集破壊の意味）
（ハードロックC390M-20、電気化学工業㈱製）

着塗装やスプレー塗装、粉体塗装などの焼付け塗装耐熱性にも優れている。図6.17は、鋼板同士を2液主剤型SGAで接着したものを、焼付け温度に60分間暴露した後のせん断強さと剥離強度を示したものである。このとき、焼付けによる接着強度の低下や破壊状態の変化は見られない。

写真6.3は、鋼板パネルと鋼板製ハット形補強材を2液主剤型SGAで接着した後、220℃で焼付け塗装し、バールで補強材を引き剥がそうとしたものである。接着部にはまったく損傷がなく、補強材が塑性変形しているのがわかる。

接着物の耐熱性は、接着剤によって決まるだけでなく、部品の材質によっても大きく影響される。リン酸塩処理された亜鉛めっき鋼板を接着して130℃以上の温度で加熱すると、接着強度が低下する。これは、リ

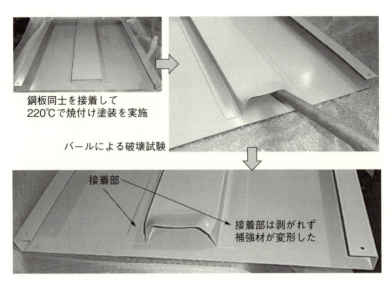

写真6.3　焼付け塗装後のバールによるハット形補強材の引き剥がし試験

ン酸亜鉛の結晶は結晶水を持っており、加熱によって結晶水が脱離して水蒸気となり、界面での結合を切断するためである。この対策として、脱離した水を補足する吸湿剤が添加されたSGAも実用化されている。

塗装工程においては、耐熱性のほかにも接着から塗装工程に入るまでの養生時間が短いこと、塗装前処理での酸やアルカリ、化成処理液などの薬液のシャワーや浸漬に耐えること、薬液に接着剤が溶出して薬液を汚染しないこと、はみ出した接着剤の上への塗料の密着性が十分なこと、なども必要であるが、SGAはこれらに対して問題はない。

線膨張係数が異なる異種材料接合された部品の塗装においては、部品が変形するほどの高温で焼付け塗装されることは想定されず、異種材接着部品の塗装においても問題は生じないと考えられる。

② 接着後の溶接性

写真6.4は、厚さ2mmのステンレス板に厚さ5mmの帯状のステンレス鋼板をSGAで接着した後、厚さ5mmのステンレスのブロックをアーク溶接し、ハンマーで衝撃破壊したものの破壊面である。溶接部の直下では界面破壊しているが、接着剤の焦げはなく、溶接部以外では熱

第6章　機能、生産性、コストを並立させる接着剤　　197

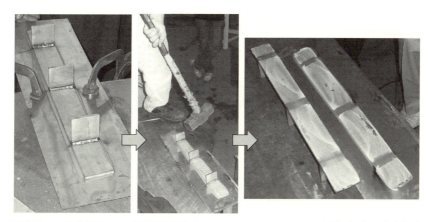

写真6.4　接着後のアーク溶接試験（ハードロックC355-20、電気化学工業㈱製）

影響はほとんどないためきれいな凝集破壊をしている。

　接着部の直近でアーク溶接を行うことは、基本的に避けるべきであるが、部品の仮固定などでアーク溶接を行うことは可能である。複雑形状の板金部品をウェルドボンディングで組み立てる車輌空調装置では、ウェルドボンディングの前に部品同士をアーク溶接で仮固定することが行われている。

(4)　難燃性

　自動車では、時として車両火災が発生する。車両火災の原因としては、放火が最も多いと言われている。自動車の車体に複合材料が多用されるようになると、複合材料には難燃性が要求されてくることも考えられ、接合部位によっては接着剤にも難燃性が要求されるはずである。

　エポキシ系接着剤、ウレタン系接着剤、SGAとも難燃化は可能である。ビルの防火区域で使用されるエレベーターの乗り場の扉は、耐火扉としての機能が要求されるため、扉裏面の補強材はリン酸系難燃剤が添加された自己消火性のSGAにより接着されており、すでに15年ほどの実績を有している。

2.6 信頼性

(1) 接着強度のばらつき

第5章第1節で、高信頼性接着の基本条件として、凝集破壊率が40％以上あること、接着強度の変動係数 CV は 0.10 以下であることを述べた。また、工程能力指数は 1.67 を要求され、平均値に対する下側規格値 LSL が 50 ％の場合は変動係数 CV は 0.10 となるが、70 ％や80 ％に規定された場合は、CV は 0.06 や 0.04 であることが必要となる。

界面破壊しやすい接着剤では、変動係数 CV を 0.10 以下にすることは容易ではない。ただし、SGA は凝集破壊しやすいため、変動係数 CV を 0.03 程度にすることはそれほど困難なことではない。図 6.18 は、2液主剤型 SGA で軟鋼板を油面接着した場合の、50 個のせん断強さのばらつきを示したものである。この結果より、接着強度の変動係数 CV は 0.033 となっており、非常にばらつきが小さいことがわかる。

破壊状態は、50 個とも完全な凝集破壊である。2液主剤型 SGA（ハー

項目	軟鋼板（1.6mmt）油面同士 JIS K6850 引張せん断接着強度
N数	50
平均	21.0
標準偏差	0.681
最小	19.2
最大	22.3
変動係数	0.033

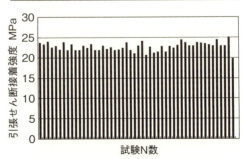

図6.18 2液主剤型 SGA の接着強度のばらつき
（ハードロック NS700M-20、電気化学工業㈱製）

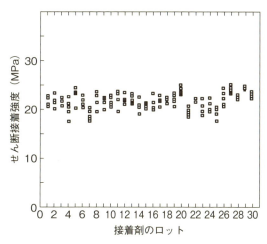

**図6.19　2液主剤型 SGA のロットによる接着強度の再現性
（ハードロック C355-20、電気化学工業㈱製）**

ドロック C355-20、電気化学工業㈱製）で合金化亜鉛めっき鋼板同士を接着した場合のせん断強さでは、変動係数 CV が 0.003 と、きわめてばらつきが小さい結果も得られている。

(2) **接着強度の再現性**

　接着強度は、作業環境（季節、時刻、温度・湿度など）、接着される部品や接着剤のロットや保管条件、作業者や設備の状況など多くの変動要因によって変化する。これらの変動に対しても接着強度のばらつきが小さく、再現性に優れていることも、信頼性確保の観点では重要である。図 6.19 は、2 液主剤型 SGA の接着剤の製造ロットによる接着強度の再現性を調べた結果である。30 ロットの結果から、ロットによる接着強度のばらつきは少ないことが理解できる。

2.7　SGA の欠点

(1) **臭気**

　主成分として MMA（メチルメタアクリレート）を含んでいる SGA

には臭気がある。接着作業室などの閉ざされた場所では、局所排気を行う必要がある。広い工場では全体換気で対応されているケースが多い。臭気の発生源としては、接着剤の塗布から貼り合わせまでの作業中、接着部からはみ出した接着剤などが考えられるが、最大の臭気発生源は塗布装置のミキサー内硬化対策のための捨て打ちされた接着剤からである。捨て打ちされた接着剤は廃棄容器内で盛り上がるため、反応熱が蓄積して高温となるためである。

2.2項(6)で述べた空気洗浄式塗布装置を用いれば、接着剤の廃棄量は非常に少なくなるため、臭気を低減することができる。また図6.20に示すように、空気洗浄中のノズルを、活性炭を取り付けた脱臭缶に差し込んでおくことにより臭気はほとんどなくなり、さらに空気洗浄による騒音も低減できる。最近では、主成分にMMAを用いない低臭気タイプのSGAも種類が増加している。

(2) 消防法の危険物

(1)で述べたように、MMAを主成分とするSGAは消防法の第4類第1石油類に分類される。このため塗布装置などは、基本的に防爆または準防爆仕様にする必要がある。しかし、粘度を上げて流動性のないペーストになれば、上記の可燃性液体から除外される。MMAを含有していない低臭気型SGAは第3石油類となり、エポキシ系接着剤と同様の取

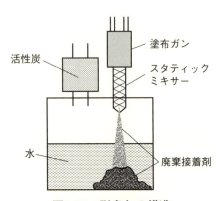

図6.20 脱臭缶の構造

り扱いが可能である。

　2液型エポキシ系接着剤やウレタン系接着剤の塗布装置でダイナミックミキサーを使用する場合には、ミキサー洗浄に溶剤が使用されるが、溶剤も危険物に該当する。SGAでは、主としてスタティックミキサーが使用されており、ダイナミックミキサーでの混合は一般に行われないため、洗浄用の溶剤は不要である。

(3) 接着剤の価格

　接着剤単独の価格では、2液ウレタン系接着剤はSGAより一般に安く、2液エポキシ系接着剤はSGAと同等か幾分安価である。接着のコストは接着剤の価格だけでなく、部品の接着前処理費用、塗布装置内での硬化防止のための廃棄量や、塗布装置や貼り合わせ、仮固定、加温などの設備価格や作業時間などのトータルコストで考える必要がある。

　SGAはエポキシ系接着剤やウレタン系接着剤にはない多くの特徴を持ち、特徴を有効活用することでトータルコストを相当低減できる。これまでに述べてきた各種の適用事例においても、トータルコストでは従来品から大幅な低減が実現している。また、工程内やフィールドでの不良率の低減効果も実現されている。

3　SGAの現状と今後

　表6.1に、室温硬化型の2液エポキシ系接着剤、2液ウレタン系接着剤、SGAの諸特性の比較を示した。この表から、SGAは自動車のマルチマテリアル化に最も適した接着剤であることがわかる。

　SGAは、開発後40年近くが経過しており、他の接着剤にはない種々の特徴を有しているにもかかわらず、あまり知名度が高くない。特に、自動車の車体組立分野での適用はきわめて少ない状況にある。この理由としては、SGAの大手メーカーは日本国内で1社のみであり、世界的

表6.1　2液室温硬化型接

		SGA	エポキシ	ウレタン
作業性	硬化反応	ラジカル反応	付加反応	付加反応
	油面接着性	優れる	なし	なし
	硬化時間/可使時間の比	3～4倍	12～16倍	12～16倍
	可使時間経過後から固着までの時間	短い	長い	長い
	低温硬化性	良好	10℃以下では硬化しにくい	10℃以下では硬化しにくい
	配合比の許容範囲	広い	狭い	狭い
	混合度合い	簡易混合で可	厳密混合必要	厳密混合必要
	非混合接着	可能	不可能	不可能
	はみ出し部硬化性	良好	良好	良好だが発泡の可能性あり
	作業環境温度	制約なし	低温時加温要	低温時加温要
	作業環境湿度	制約なし	制約なし	多湿時発泡の恐れあり
	ウェルドボンディング性	可能	可能	不明
	焼付け塗装耐熱性	良好	良好	良好
	接着剤への塗料の密着性	良好	良好	良好
	接着部近傍での溶接性	耐える	耐える	不明
塗布装置	計量機構	不要	必要	必要
	ミキサー	スタティックミキサー	スタティック、ダイナミック	ダイナミック、スタティック
	乾燥空気	不要	不要	必要

　にも数社に限られ、車体組立以外の分野で多くの用途を確保したため、車体組立分野に積極的に参入してこなかったことが考えられる。

　一方、欧州ではウレタンやエポキシの大企業が、従来から車体組立分野を大きなターゲットとして積極的に参入し、世界的にも展開している。日本においては、車体組立における接着剤の活用技術は海外の技術の転用が多かったことも、欧米で適用されていないSGAに目が向かなかった原因の1つと考えられる。また、接着剤の単価の点では、SGAはウレタンやエポキシより高価ということも原因の1つであろう。

　世界中の自動車メーカーの工場が集中し、最大の自動車マーケットでもある中国では、接着剤単価が高いにもかかわらずバスの車体組立にSGAが多用されていることは注目すべき点である。これは、多品種の

着剤の諸特性の比較

		SGA	エポキシ	ウレタン
塗布装置	ミキサーゲル化防止	空気洗浄可能	一定時間ごとに捨て打ち	一定時間ごとに捨て打ち
	温度変化による2液の粘度差	生じない	生じる	生じる
強度特性	せん断	高い	高い	中程度
	剥離	高い	低い	高い
	耐衝撃性	高い	低い	高い
	高温強度	高い品種あり	高い品種あり	低い
	振動吸収性	良好	硬いものは劣る	良好
	傾斜機能の付与	簡易に可能	困難	困難
耐久性	屋外暴露	良好	良好	良好
	耐熱劣化性	良好	良好	劣る
	耐湿性	良好	良好	良好
	疲労特性	良好	良好	良好
	耐クリープ性	弱い	良好	弱い
信頼性	凝集破壊性	高い	低い	中程度
	強度ばらつき	小さい	中程度	中程度
その他	硬化収縮率	大きい	低い	低い
	応力緩和性	良好	低い	良好
	難燃化	可能	可能	可能
	臭気	あり～なし	なし～あり	なし
	接着剤単価	若干高め	中程度	安価
	トータルコスト	安価	中程度	中程度

部品生産における接着作業設備の簡易さ、作業環境（温度・湿度）への鈍感さ、前処理の簡易さ、室温での短時間硬化性、接着強度の高さなど、他の接着剤では得られない種々のメリットをうまく活用することでトータルコストの低減が図れた結果と思われる。当然であるが、接着剤の大量使用によって接着剤の単価はかなり安価となっている。

　マルチマテリアル化による軽量化を進めるに当たり、海外や他社の事例にこだわらず、独創的な技術の開発が必要となる。筆者は、SGA は独創的な設計と生産方式の開発に大きく寄与できる能力を有していると思っている。ニーズが生じれば課題は解決されていく。接着剤メーカーと車体組立メーカー、部品メーカー、設備メーカー、さらには官学が協力して課題を解決していくことが重要であろう。

あとがき

　本書の執筆をしている間にも、自動車用の軽量高強度材料や異種材料接合の新しい技術が次々と出現している。自動車車体のマルチマテリアル化による軽量化という世界的な流れの中で、素材も接合法も落ち着く先はまだ明確には見えてこない。しかし、大きな潮流の中にあって、流されていては独創性を見失うこととなり、現状にとらわれていては改良の域を脱せずに革新的製品開発にはつながらない。行き着く先を明確にして、課題を1つひとつ解決しながら進むことが大切であろう。

　新技術は、人間社会に恩恵をもたらしてきたが、その一方で新たな問題も生み出してきた。エネルギー消費量削減やCO_2排出量削減という地球規模の課題を解決する車体軽量化技術が、新たな地球規模の課題をつくってしまうことは避けなければならない。新技術は、ともすれば長所ばかりがクローズアップされ、マイナス面には目をそむけることも多い。しかし技術開発に当たっては、そのプラス面とマイナス面を常に熟考しながら進めることが、企業や技術者の社会的責任ではなかろうか。

　本書が、行き着く先を描くための一助となれば幸いである。

　本書をまとめるに当たり、資料の提供や引用など多くの企業や学会、協会にご協力をいただいた。また、日刊工業新聞社の矢島氏には、構成や編集に関して多大なるご支援をいただいた。ここに、ご協力に対して感謝の意を表す。本書籍の出版に当たり、図表や写真などをご提供いただいた皆様ならびに企業に深く御礼申し上げる。

2014年11月

著　者

参 考 文 献

1) 大楠、自動車構造材の軽量化と多様化、三井物産戦略研究所レポート、7 月、2014.

2) 国土交通省ホームページ、(http://www.mlit.go.jp/jidosha/jidosha_fr10_000019.html)

3) レガシイの燃費向上の取り組み、CSR レポート、富士重工業、p.52, 2010.

4) 樹脂を賢く使う、日経 Automotive Technology、11 月、pp.52–57, 2012.

5) 影山、自動車における CFRP 技術の現状と展望、第 2 回次世代自動車公開シンポジウム資料、於：名古屋大学、2012.

6) Rauscher and Schillert, Current Aspect for Adhesive Bonding in Body in White, Proceedings of Joining in Car Body Engineering 2010, Bad Nauheim, p.8, 2010.

7) 技術レポート、日経 Automotive Technology、11 月、p.31, 2014.

8) 連載講座、日経 Automotive Technology、5 月、pp.86–91, 2013.

9) BMW i3 Production–Part 3, https://www.youtube.com/watch?v = htuVoxu MQFQ

10) Schmatloch, DOW Automotive Systems 2K Polyurethane Technology: From Semi–structural Add–on Bonding Towards Structural Composite Assembly, Book of abstracts AB2013, Porto, p.122, 2013

11) da Silva and Adams, Joint strength predictions for adhesive joints to be used over a wide temperature range, Int. J. of Adhesion and Adhesives, Vol.27, pp.362–379, 2007.

12) Kumar, Analysis of tubular adhesive joints with a functionally modulus graded bondline subjected to axial loads, Int. J. of Adhesion and Adhesives, Vol.29, pp.785–795, 2009.

13) Stapleton et al., Functionally graded adhesives for composite joint, Int. J. of Adhesion and Adhesives, Vol.35, pp.36–49, 2012.

14) Breto et al., Finite Element Analysis of Functionally Graded Bond–Lines for Metal/Composite Joints, J. Adhesion, in press, 2014.

15) Sonnenschein et al., Mechanism of Trialkylborane Promoted Adhesion to Low Surface Energy Plastics, Macromolecules, Vol.37, pp.7974–7978, 2004.

16) Sekine et al., A Macroscopic Reaction: Direct Covalent Bond Formation

between Materials Using a Suzuki–Miyaura Cross–Coupling Reaction, Scientific Reports, 4, 6348.

17) ECODISM–A New concept for an easy dismantling of structural bonded joints in auto elv and repair, http://videolectures.net/tra08_bravet_eco/

18) VERA10 周年記念誌（2012 年 10 月 5 日発行、国立天文台水沢 VLBI 観測所）

19) 原賀康介著「高信頼性を引き出す接着設計技術」日刊工業新聞社、（2013）P.6

20) 原賀康介："板金構造物の接着設計と耐久性"、精密工学会誌、Vol.64, No.2, 185 （1998）.

21) 原賀康介ほか："自動車車体軽量化のためのアルミ/アルミ、アルミ/鋼の各種接合方法の強度特性"、日本接着学会誌、Vol.34, No.11, 432（1998）

22) 原賀康介："電気機器における構造接着技術"、溶接学会誌、Vol.70, No.2, 253 （2001）

23) 三菱電機㈱カタログ「接着・リベット併用組立法 MELARS」（2006）

24) 原賀康介："構造接着技術の応用展開と最適化技術の構築"、日本接着学会誌、Vol.39, No.9, 349（2003）.

25) 原賀康介："意匠性鋼板の接着組み立て技術"、色材、Vol.69, No.9, P.599–606 （1996）

26) 原賀康介著「高信頼性接着の実務」日刊工業新聞社、（2013）P.30, 33

27) 原賀康介、児玉峯一："接着と溶接の併用法―ウェルドボンディング―の現状と将来"、溶接学会誌、Vol.56, No.3, 148（1987）

28) 原賀康介；「電気・電子機器における接着品質設計と安全率の定量化」、日本接着学会誌、VOl.39, No.12, P.448（2003）.

29) 原賀康介；「自動車の材料多様化における接着の課題」、Polyfile, Vol.51, No.602, P.52（2014）

30) 原賀康介；"ウェルドボンド法"、工業材料、Vol.37, No.12, P.94（1989）.

索 引

あ 行

アーク溶接 …… 48, 59, 73, 75, 78, 89, 91, 197
アウターパネル ……………………… 11, 24, 67
アウトサート成形 …………………………… 57
亜鉛めっき鋼板 … 60, 61, 64, 86, 103, 195
アクリル系 …… 94, 96, 99, 121, 128, 184
アクリル系接着剤 … 73, 75, 91, 93, 97, 103,
　　120, 123, 125, 127, 151, 173, 174
アクリル樹脂 ………………………………… 187
アクリル接着剤 ……………………………… 26
アコースティックエミッション ……… 142
圧痕 ………………………………… 61, 73, 77
圧縮せん断試験 ……………………………… 130
圧着 ……………………………………………… 48
圧入 ……………………………………… 38, 45
アルミ ……………………………………… 22, 25
アルミ合金 ………… 17, 19, 20, 21, 23, 24
アルミシャシ ………………………………… 16
アルミ製車体 ………………………………… 16
アルミニウム合金 ………………… 16, 18, 64
アルミ板 ……………………………………… 60, 61
アルミモノコック構造 ……………………… 17
アルミモノコック車体 ……………………… 90
アンカー効果 ………………………… 122, 166
アンカーボルト ……………………………… 58
安全率 ………………………………… 143, 144
アンチゲルタイマー ………………………… 183
鋳ぐるみ ……………………………………… 57
異種材料 ……………………………………… 90
異種材料接合 ………………………………… 128
板厚低減 ……………………………………… 80
板ばね ………………………………………… 39
易分解性 ……………………………………… 88
異方性接着剤 ………………………………… 20
異方性ファスナー …………………………… 33
インサート金具 ……………………………… 20
インサート成形 ……………………………… 57
インシュロック ……………………………… 42
インダイレクトスポット溶接 …………… 50

インダイレクト溶接 ………………………… 61
引張せん断試験 ……………………………… 130
引張速度 ……………………………………… 150
引張速度依存性 ……………………………… 150
インデンテーション ………………… 61, 106
インナーパネル ……………………… 11, 24, 67
ウイークボンド ……………………………… 35
ウェルドボンディング … 14, 15, 66, 70, 87,
　　89, 90, 93, 94, 96, 97, 99, 101, 102, 103,
　　104, 113, 194, 197
ウェルドボンディング法 ……………… 58, 91
薄板 ……………………… 78, 91, 102, 106, 171
打ち込み ……………………………………… 22
海島構造 ………………… 120, 128, 150, 187, 193
埋め込み ……………………………………… 57
ウレタン系 …………………………… 121, 128
ウレタン系接着剤 …… 86, 97, 111, 117, 125,
　　127, 167, 173, 177, 186
ウレタン接着剤 ………………… 12, 26, 31
液相/液相接合 ……………………………… 48
液相/液相による接合法 …………………… 37
エッチング …………………………………… 122
エポキシ系 …………………… 86, 121, 128
エポキシ系接着剤 … 76, 101, 117, 124, 127,
　　173
エポキシ系溶着材 …………………………… 99
エポキシ樹脂 ………………………… 19, 65, 104
エポキシ接着剤 ………………… 11, 14, 19, 26
エラストマー ……………… 120, 174, 187, 193, 194
エラストマー変成 …………………………… 116
応力緩和 ………………………… 113, 187, 194
応力緩和性 …………………………………… 117
応力緩和特性 ………………………………… 193
応力集中 ……………… 15, 29, 78, 102, 110, 193
応力ひずみ線図 ……………………………… 27
オートクレーブ ……………………………… 19
オートクレーブ法 …………………………… 66
オープンタイム ……………………………… 168
屋外暴露耐久性 ……………………………… 190
屋外暴露劣化 ………………………………… 158
温度 …………………………………………… 161

か 行

加圧力 ………………………………………… 170
解体 …………………………………………… 36

解体方法 …………………………… 131
界面 …………………………… 84, 134
界面破壊 …………………… 134, 136, 142
火炎処理 …………………… 18, 31, 122
火気レス工法 …………………………… 83
拡散係数 …………………………… 158
拡散接合 …………………………… 54
確率論的手法 …………………………… 35
加工精度 …………………………… 81
重ね合わせ長さ …………………………… 151
重ね塗布 …………………………… 174
可使時間 ……… 127, 128, 171, 178, 180, 181
かしめ …………………………… 87, 88
荷重―ひずみ線図 …………………………… 93
ガスシールドアーク溶接 …………………………… 48
ガス溶接 …………………………… 48
化成処理 …………………………… 85
硬さ …………………………… 149, 150
カップリング剤 …………………………… 164
加熱硬化 …………………………… 77, 90
加熱硬化型 …………………………… 128
ガラス …………………………… 54, 66
ガラス繊維強化プラスチック …………………………… 65
ガラス転移温度 …… 30, 97, 99, 115, 125, 190, 192
加硫 …………………………… 56
加硫接着 …………………………… 57
還元剤 …………………………… 174
乾燥回復性 …………………………… 191
キー …………………………… 40
機械的接合 ……………… 26, 38, 67, 70, 90
機械的接合法 …………………… 17, 37
機械的締結 …………………………… 21
機械的特性 …………………………… 34
キッシングボンド …………………………… 35
吸水性 …………………………… 114
吸水率 …………………………… 158
凝集破壊 ……… 134, 136, 142, 177, 197, 198
凝集破壊率 ………… 116, 136, 139, 198
強靱 …………………………… 150, 187
強靱性 …………………………… 119, 193
強度保持率 …………………………… 142
共有結合接着 …………………… 30, 31
局所加熱 …………………………… 26
極性基 …………………………… 31

許容不良率 ……… 133, 137, 138, 140, 142
キレート剤 …………………………… 31
空気洗浄 …………………………… 183
空気洗浄式塗布機 …………………………… 184
空気洗浄式塗布装置 …………………………… 200
釘 …………………………… 38
くさび …………………………… 40
くさび衝撃試験 …………………………… 130
組立工程 …………………………… 25
クラック …………………………… 136, 148
クラッシュチューブ …………………………… 19
クリープ ………… 27, 28, 94, 116, 161
クリープ特性 …………………………… 193
クロスカップリング反応 …………………………… 32
傾斜機能 ……… 28, 124, 128, 190
傾斜機能継手 …………………… 28, 29
形状的固定 …………………………… 40
軽量化 …………… 9, 21, 80, 84, 91, 203
嫌気性 …………………………… 184
嫌気性接着剤 …………………………… 121
検査 …………………………… 88, 131
高温強度 …………………………… 115
硬化収縮 …………………………… 113
硬化収縮応力 ……… 77, 172, 193, 194
硬化収縮歪み …………………………… 194
硬化収縮力 …………………………… 171
硬化触媒 …………………………… 174
硬化速度 …………………………… 26
合金化亜鉛めっき鋼板 …………… 64, 199
合金化溶融亜鉛めっき鋼板 …………………………… 15
航空機 …………………… 70, 88, 131
鋼材 …………………………… 64
高周波抵抗溶接 …………………………… 52
高周波溶着 …………………………… 53
高信頼性接着 …………………………… 133
剛性 ……… 14, 15, 16, 20, 23, 24, 27, 28, 29, 30, 63, 66, 80, 91, 92, 110, 124
構造接着 …………………………… 69
構造接着技術 …………………………… 70
構造用接着剤 …………………………… 150
構造用両面テープ …………………………… 150
高張力鋼板 …………………… 64, 70, 110
高張力鋼 …………………… 13, 14
工程能力指数 ………… 116, 138, 198
コーティング剤 …………………………… 122

固相/液相接合	56
固相/液相による接合法	37
固相/固相圧接	54
固相/固相による接合法	37
固着時間	127, 128, 178, 180
ゴム	55
ゴム弾性	28
固有振動数	80, 82, 189
固有抵抗	50, 103
コンタクトセメント	56

さ 行

再活性接着法	53
サイドインパクトビーム	13
サイドシル	67
サイドメンバー	11, 13
材料多様化	109
材料費低減	80
作業環境	122
作業管理	88
作業工程	88
作業性	92
差し込み	40
酸化剤	174
サンドイッチ	22
シートセパレーション	61, 62, 78, 106
シーム溶接	50
シール	15, 62, 63, 66, 110, 166
シール性	61, 63, 81, 91, 102, 114
自己融着	55
自己融着テープ	56
室温硬化	77, 121
室温硬化型	82, 90, 91, 93, 111, 128
室温硬化型接着剤	90
湿気硬化型接着剤	121
湿度	122, 167, 186
縛り付け	42
射出成形	66
車体組立	90, 109, 118, 122
車体構造	11
臭気	199
充填剤	103
熟練技能	82, 92
樹脂ビーズ	149
寿命予測	87

瞬間接着剤	87
衝撃	73
衝撃吸収	187
衝撃強度	149, 186, 187
衝撃特性	119
冗長性	92
シランカップリング剤	31
シリーズスポット溶接	50
シリコーン系	121
シリコーン系接着剤	86, 124
磁力	56
シル	13
振動	110
振動吸収	110, 115
振動吸収性	82, 189
振動特性	80
信頼性	92, 102, 116, 122, 130, 133, 138, 162, 198
水素結合	30, 162
水分量	167
水分劣化	96
隙間	72, 73
隙間充填性	81, 83, 112
スタッドねじ	62
スタティックミキサー	181, 184
スタンパブルシート成形	66
スチール	16, 21, 22, 24, 29
スチール製車体	13
ステープラー	46
ステンレス鋼板	60, 61, 91
スナップフィット	39, 89, 127
スピン溶接	53
スプリングバック	117, 170
スプリングバック力	96
スプレーアップ法	65
スペーサー	114, 149, 186
スペースフレーム	22
スポット溶接	14, 15, 16, 50, 58, 60, 61, 64, 73, 75, 76, 78, 79, 88, 91, 93, 96, 97, 99, 101, 102, 107
正規分布	136, 137
成形性	14
成形方法	65
制振鋼板	82
精度	71, 72, 73, 78, 81

赤外線 ……………………………… 26	耐熱温度 ………………………… 77, 86
絶縁 …………………………… 114	耐熱劣化性 ……………………… 191
設計基準 ……………………… 87, 143	耐ヒートサイクル性 ………… 116, 192
設計基準強度 ……………… 139, 143, 144	耐疲労性 …………………………… 14
設計許容強度 ……………… 139, 143, 144	耐用年数 ………………………… 142
接合強度 ……………………………… 73	ダイレクトグレージング ……… 11, 12, 70
接着 ………………… 57, 75, 76, 79, 84	ダイレクトスポット溶接 ………… 50
接着技術 ………………… 33, 35, 109	タクトタイム ……………… 25, 126
接着欠陥 ………………………… 169	脱脂 …………… 26, 112, 162, 177
接着剤 ………………… 11, 63, 69, 92	脱臭缶 …………………………… 200
接着接合… 9, 11, 21, 69, 73, 78, 79, 109, 118, 133	ダボ ………………………………… 40
接着端部 ……………………………… 28	ダボかしめ ………………………… 47
接着プロセス ……………………… 34	たれ ……………………………… 112
セルフタップねじ ………………… 43, 127	炭酸ガスアーク溶接 ………………… 48
セルフピアシングリベット ………… 88	弾性変形 …………………………… 38
セルフピアスリベット … 17, 67, 75, 76, 79, 89, 90, 93, 99	弾性率 …………… 27, 115, 124, 125, 190
繊維強化樹脂 ……………………… 65	炭素繊維強化プラスチック ……… 18, 65
繊維強化プラスチック ………… 18, 58	短波長紫外線照射 …………… 122, 162
線膨張係数… 23, 77, 90, 121, 126, 189, 192, 194, 196	ダンピング …………………………… 15
栓溶接 ……………………………… 59	ダンピング効果 …………………… 82
造船 …………………………… 70, 73	チタン合金 …………………… 23, 24
相対湿度 ……………………… 161, 168	中チリ ……………………… 103, 104
塑性加工 …………………………… 67, 70	超音波検査 ……………………… 131
塑性変形 …………………………… 42	超音波溶着 ………………………… 53
塑性流動撹拌混合 ………………… 54	超高張力鋼板 ……………………… 64
粗面化 …………………………… 166	超ハイテン材 ……………………… 13
ソリッドパンチリベット ………… 44, 67	直接接着 …………………………… 56
ソリッド・リベット ………………… 42	チリ ……………………… 103, 107
	通電加熱溶着 ……………………… 53
た 行	低圧水銀灯 ……………………… 162
第2世代アクリル系接着剤 ……… 173	低温接合 ……………………… 77, 83
大気圧プラズマ処理 ……………… 162	ティグ（TIG）溶接 ……………… 48
耐久性 …………… 87, 116, 133, 154, 190	抵抗かしめ ………………………… 42
耐久劣化試験 ……………………… 152	抵抗溶接 …………………………… 49
耐湿試験 …………………………… 155	テーラードブランク ……………… 66
耐湿性 ……………………… 154, 191	テーラーロールドブランク ……… 64
耐湿性試験 ……………………… 160	テフロン …………………………… 85
耐衝撃性 …… 35, 96, 101, 115, 119, 125	テラーリング …………………… 27, 30
耐衝撃性試験 ……………………… 130	電子ビーム溶接 …………………… 49
耐水性 ……………………… 116, 154	電食 …… 23, 24, 26, 67, 81, 110, 114, 186
耐水劣化 ………………………… 156	点接合 ……………………… 73, 102
耐塗装性 ………………………… 113	電流密度 …………… 61, 103, 104, 106
	ドア ……………………………… 18
	ドアパネル ………………………… 11
	導電性 …………………………… 101

投錨効果 ……………………………… 166
投錨接合 ………………………………… 57
塗装 ……………… 30, 61, 77, 114, 122
突起（プロジェクション）……………… 51
塗布装置 ……………………………… 182
塗布量 ………………………………… 166

な 行

内部応力 ………… 113, 148, 172, 186
内部破壊 ………………… 130, 140, 142
ナゲット ……… 61, 103, 104, 106, 107
ナット …………………………………… 38
難接着性材料 ………………………… 121
難燃性 ………………………… 114, 197
二度加圧 ……………………………… 170
縫い合せ ………………………………… 42
濡れ指数標準液 ………………… 123, 164
ねじ …………………………… 38, 39, 73
ねじ・ボルト …………………………… 88
熱応力 …… 12, 22, 23, 24, 27, 28, 29, 33, 77, 111, 186, 193, 194
熱可塑樹脂 ……………………………… 20
熱可塑性樹脂 …………………………… 65
熱可塑性プラスチック ………………… 52
熱間圧接 ………………………………… 54
熱硬化樹脂 ……………………………… 19
熱適合傾斜機能継手 ……………… 29, 30
熱伝導特性 ……………………………… 82
熱板溶着 ………………………………… 52
熱ひずみ ……………………… 60, 73, 125
熱風溶接 ………………………………… 52
熱変形 ……… 23, 28, 30, 33, 90, 111, 125
熱溶着 …………………………………… 22
粘弾性 ………… 27, 28, 110, 120, 147, 150
粘弾性体 ………………………………… 82
粘弾性特性 ……………………………… 30
粘着テープ ……………………………… 85
粘着テープ、シート …………………… 56
粘度 ……………………………… 112, 184
伸び …………………………… 29, 149, 150

は 行

バーリングかしめ ……………………… 46
配合比 …………………… 125, 174, 180
ハイテン材 ……………………………… 13
ハイブリッドドア ……………………… 24
破壊 ……………………………………… 78
破壊エネルギー ………………………… 93
破壊状態 ………………………… 86, 134
鋼 ………………………………………… 23
破断伸び率 …………………………… 147
バックアップ …………………………… 92
バックアップ電極 ……………………… 61
ハッチバック車 ………………………… 18
発泡 ……………………… 111, 168, 186
パテ埋め ………………………………… 73
はとめ …………………………………… 46
ハニカム ………………………… 22, 88
パネル …………………………… 72, 75
ばらつき …… 84, 116, 130, 133, 134, 136, 137, 140, 162, 198
ばらつき係数 ………………………… 138
バルク特性 …………………………… 118
はんだ付け ………………………… 57, 77
ハンドレイアップ製法 ………………… 19
ハンドレイアップ法 …………………… 65
バンパー ………………………………… 18
ヒートサイクル ……………………… 189
ヒートシール …………………………… 52
引き抜き成形 …………………………… 65
比強度 …………………………… 16, 18
比剛性 …………………………… 16, 18
ひずみ …… 63, 77, 83, 92, 106, 113, 121, 126, 171, 194
ひずみ除去 ……………………………… 60
ひずみ速度 …………………………… 147
ビニル重合 ……………………………… 26
非破壊 …………………………………… 88
非破壊検査 ……………………………… 35
ひび割れ ……………………………… 142
冷やしばめ ……………………………… 38
標準偏差 ……………………………… 137
表層破壊 ……………………………… 123
表面改質 ………………… 115, 122, 136, 162
表面処理 ………… 25, 33, 34, 114, 162
表面処理法 ……………………………… 31
表面張力 ………………… 123, 163, 164
表面の改質 …………………………… 121
ピラー ………………… 13, 22, 67, 68
疲労 … 15, 63, 66, 78, 79, 91, 97, 99, 102, 116,

140, 142, 143

疲労特性 ……………………… 193
ピン ……………………………… 40
品質 ……………………………… 88
品質管理 ……………………… 116
ファスナー ………………… 22, 33, 42
フィラメントワインディング法 …… 65
フィルム状接着剤 ……………… 106
フェノール系 …………………… 86
フェノール樹脂 ………………… 65
フェンダー …………………… 11, 18
付加重合 ……………………… 127
付加反応 ……………………… 175
複合材料 …………………… 23, 65
複合材料の車体 ………………… 18
複合接合法 ……………………… 58
複合接合方法 …………………… 87
複合接着接合 ……………… 110, 193
複合接着接合法 …… 63, 67, 69, 88, 113, 115,
119, 126
腐食 ……………………………… 24
物性傾斜 ……………………… 124
フッ素樹脂 …………………… 85
プライマー …… 31, 33, 34, 115, 122, 164
プライマー・主剤型 …………… 174
ブラインドナット ……………… 45
ブラインドリベット …19, 38, 42, 62, 64, 67,
68, 75, 88, 91, 126
プラグ溶接 ……………………… 59
プラスチック ………………… 18, 66
プラズマ・アーク溶接 …………… 49
プラズマ照射 ………………… 122
プラズマ処理 …………………… 31
プラットフォーム ……………… 11, 22
プリプレグ ……………………… 19
不良率 ………………………… 133
フロアメンバー ………………… 13
フロードリルスクリュー ………… 16
フロー溶接 …………………… 52
プロジェクション ……………… 107
プロジェクション溶接 ……… 51, 61, 106
フロントメンバー ……………… 13, 19
分解 ……………………………… 88
分子間力 ……………………… 30
別塗布 ………………………… 174

ヘミング ……………… 11, 14, 24, 41, 88
ヘミング部 ……………………… 90
変形 ……………… 77, 78, 113, 121, 171, 194
変動係数 ……………… 116, 137, 138, 139, 198
防食 ……………………………… 16
防錆 ……………………………… 60
防錆油 ………………………… 26, 177
飽和吸水率 …………………… 158
補修方法 ……………………… 131
ホットメルト系接着剤 …………… 85
ホットメルト接着剤 …………… 106
ポリアミド …………………… 65
ポリアミド（ナイロン） ………… 66
ポリイミド系 …………………… 86
ポリイミド樹脂 ………………… 65
ポリエステル樹脂 …………… 19, 65
ポリエチレン ………………… 65, 85, 188
ポリオレフィン ………………… 18
ポリオレフィン系 ……………… 114
ポリオレフィン樹脂 …………… 85
ポリカーボネート ……………… 65
ポリプロピレン ……… 31, 65, 66, 85, 188
ポリマーアロイ ………………… 150
ボルト ………………………… 38, 73
ボルト・ナット ……………… 62, 64, 68
ホワイトボディ ………………… 22

ま　行

マイクロカプセル ……………… 26
巻きかしめ …………………… 90
巻締め ………………………… 47
マグネシウム合金 ……………… 17, 65
マグ溶接 ……………………… 48
摩擦攪拌接合 ………………… 54, 67
摩擦攪拌溶接 …………………… 67
摩擦溶着 ……………………… 53
マジックテープ ………………… 42
窓ガラス ……………………… 11, 12
マルチマテリアル ………… 21, 22, 30, 36
マルチマテリアル化 …26, 69, 70, 111, 118,
128, 173, 203
ミグ（MIG）溶接 ……………… 48
メカニカルクリンチング …… 47, 58, 67, 75,
76, 79, 88, 89, 93, 99
めっき ………………………… 15, 25, 86

面接合 ……………………… 78, 79, 80, 91, 110
モノコックキャビン ……………………… 19

や 行

焼きばめ ……………………………… 38, 88
ヤング率 ………………………………… 28
誘導時間 ……………………………… 178
油面接着 ……………………………… 198
油面接着剤 ……………………………… 26
油面接着性 …………… 91, 112, 128, 177
溶剤接着 ………………………………… 53
溶接 …………………………… 22, 70, 77
溶接性 …………………………… 14, 110
溶着法 …………………………………… 53
溶融 …………………………………… 57
溶融亜鉛めっき鋼板 …………… 15, 64

ら 行

ラジカル ……………………………… 174
ラジカル重合 ………………………… 127
ラジカル反応 …………………… 125, 173
ラジカル連鎖反応 ……… 178, 180, 181
ラミネート …………………………… 122
リサイクル …………………………… 88, 131
リベット ……… 17, 58, 63, 73, 78, 92, 102
リベットボンディング ……… 87, 89, 94
リベットボンディング法 ……………… 58
リンフォースメント …………………… 14
ルーフ …………………………… 29, 67
冷間圧接 ………………………………… 54
レーザーアブレージョン …………… 122
レーザー照射 ………………………… 122
レーザー溶接 …………… 49, 52, 66, 70
劣化 ………………………… 136, 140, 154
劣化速度 ……………………………… 116
連鎖反応 ……………………………… 174
連続溶接 ……………………………… 59
ろう付け …………………………… 56, 77

数字・欧文

2 液室温硬化型エポキシ系接着剤 ……… 177

2 液主剤型 …………………………… 174
2 液非混合 …………………………… 181
2 液別塗布 …………………………… 181
AE ……………………………………… 142
BMC（Bulk Molding Compound） ……… 66
CFRP ……… 18, 20, 22, 23, 24, 25, 65
CFRTP ………………………………… 66
CRRP …………………………… 19, 29
FDS …………………………… 17, 21, 44, 67
FDS（Flow Drill Screw） ……………… 66
FGJ …………………………………… 29
Fick の拡散の式 …………………… 158
Flow Drill Screw ……………………… 67
FRP ………………………… 18, 23, 65
FRTP ……………………………… 20, 65
FSW …………………………… 22, 54, 67
GA 鋼板 ………………………………… 15
GA 材 …………………………………… 64
GFRP …………………………… 24, 65
GI 鋼板 ………………………………… 15
GI 材 …………………………………… 64
Henrob Rivet ………………………… 75, 79
ImpAct ………………………………… 22
MIG 溶接 ……………………………… 67
RIVTAC ……………………………… 22
RTM …………………………………… 19
RTM（Resin Transfer Molding） ……… 66
SFW …………………………………… 67
SGA ‥ 73, 75, 91, 93, 94, 96, 97, 99, 103, 120,
　　123, 125, 127, 128, 151, 155, 160, 161, 173,
　　174, 177, 178, 180, 181, 184, 187, 201, 203
SMC（Sheet Molding Compound） ……… 65
Spot Friction Welding ………………… 67
SPR …………………………… 17, 21, 43
TFGJ …………………………………… 29
Tg …………………………………… 115, 125
Tog–L–Loc …………………………… 47
TOX …………………………… 47, 79
TOX かしめ …………………………… 75
TVFD ………………………………… 27
X 線検査 ……………………………… 131

〈著者紹介〉

原賀 康介（はらが こうすけ）

㈱原賀接着技術コンサルタント　専務取締役　首席コンサルタント　工学博士
日本接着学会構造接着委員会幹事、「接着の技術」誌編集委員、ISMA（新構造材料研究組合）構造材料用接着技術調査委員会委員

専門　接着技術（特に構造接着と接着信頼性保証技術）

略歴　1973年、京都大学工学部工業化学科卒業。同年、三菱電機㈱入社し、生産技術研究所、材料研究所、先端技術総合研究所に勤務。入社以来40年間にわたり一貫して接着接合技術の研究・開発に従事。1989～1998年、自動車技術会自動車構造接着技術特設委員会、構造接着技術特設委員会、構造形成プロセス専門委員会委員。2012年3月、㈱原賀接着技術コンサルタントを設立し、各種企業における接着課題の解決へのアドバイスや社員教育などを行う。

受賞　1989年、日本接着学会技術賞　　　　　　2003年、日本接着学会学会賞
　　　1998年、日本電機工業会技術功労賞　　　2010年、日本接着学会功績賞
　　　著書「高信頼性接着の実務―事例と信頼性の考え方―」「高信頼性を引き出す接着設計技術―基礎から耐久性、寿命、安全率評価まで―」、いずれも日刊工業新聞社　　その他に共著書籍　31冊

その他詳細　http://www.haraga-secchaku.info/

佐藤 千明（さとう ちあき）

東京工業大学精密工学研究所先端材料部門　准教授

専門　材料力学、接着工学、複合材料工学

略歴　東京工業大学修士課程修了、同精密工学研究所助手を経て現在に至る。
　　　主な研究内容　接着接合部の強度設計、接着強度評価、解体性接着技術

その他詳細　http://www.csato.pi.titech.ac.jp/

自動車軽量化のための接着接合入門　NDC 579.1

2015 年 2 月 26 日　初版 1 刷発行

定価はカバーに表示してあります。

　　　　　　©著　者　　原　賀　康　介
　　　　　　　　　　　　佐　藤　千　明
　　　　　　　発行者　　井　水　治　博
　　　　　　　発行所　　日刊工業新聞社

〒103-8548　東京都中央区日本橋小網町 14-1
電話　書籍編集部　03（5644）7490
　　　販売・管理部　03（5644）7410
　　　FAX　　　　　03（5644）7400
振替口座　00190-2-186076
URL　http://pub.nikkan.co.jp/
e-mail　info@media.nikkan.co.jp

印刷・製本　美研プリンティング

落丁・乱丁本はお取替えいたします。　　　2015　Printed in Japan
ISBN　978-4-526-07364-9
本書の無断複写は、著作権法上での例外を除き禁じられています。

●日刊工業新聞社の好評図書●

高信頼性接着の実務

原賀 康介 著　　A5判/240頁
定価：本体2,400円＋税　ISBN978-4-526-07000-6

接着接合は部品組立における重要な要素技術だが、安易に使用される例が多い。ばらつきが少なく、耐久性に優れた高強度接着を行うには各工程でのつくり込みが不可欠である。本書は接着不良を未然に防ぎ、高信頼性接着を行う基礎と現場で必要とされる急所を解説する。

高信頼性を引き出す接着設計技術
基礎から耐久性、寿命、安全率評価まで

原賀 康介 著　　A5判/272頁
定価：本体2,600円＋税　ISBN978-4-526-07156-0

材料設計・構造設計技術者向けに、他の接合方法と比べて「接着」を検討するための必要十分な知識と要点を簡潔にまとめた。接着剤の選定から接着構造、接着強度と製品信頼性、寿命評価法、設計基準と安全率評価などの勘どころを提示。接着設計のつくり込み技術を説く。

図解でなっとく！
接着の基礎と理論

三刀 基郷 著　　A5判/192頁
定価：本体1,900円＋税　ISBN978-4-526-06821-8

接着理論や科学について総合的にまとめた本。接着の意味、接着界面の成り立ち、分子間力、分子間力と接着力、接着仕事、接着強さ、粘弾性の基礎、接着強さと粘弾性、接着強さの増強性、接着耐久性までを著者の長年の経験を踏まえて、丁寧にわかりやすく紹介する。